U0183183

零基础 Scratch 趣味编程

主 编 贾如春 贾礼平

副主编 王金龙 陈 联

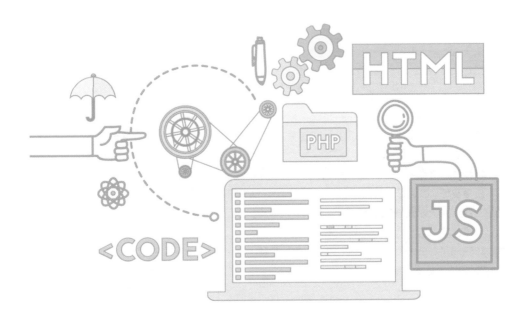

清华大学出版社
·北京·

内 容 简 介

Scratch 是可视化的编程语言,其丰富的学习环境适合多个年龄段的人;Scratch 也是人工智能科创教育领域的重要工具。本书以 Scratch 作为工具来教授读者最基本的编程概念,同时介绍 Scratch 在教学和科创方面的强大能力。本书使用 Scratch 3.0 版本,该版本尤其适用于人工智能科创教育领域。

本书适合零编程基础的读者学习,可以作为青少年编程课外课堂的教学用书或课程设计的参考资料。

图书在版编目(CIP)数据

零基础 Scratch 趣味编程/贾如春,贾礼平主编.—北京:清华大学出版社,2022.3(2024.8重印)
ISBN 978-7-302-59992-0

Ⅰ.①零… Ⅱ.①贾… ②贾… Ⅲ.①程序设计－青少年读物 Ⅳ.①TP311.1-49

中国版本图书馆 CIP 数据核字(2022)第 005915 号

责任编辑:张龙卿
封面设计:范春燕
责任校对:刘 静
责任印制:宋 林

出版发行:清华大学出版社
  网 址:https://www.tup.com.cn,https://www.wqxuetang.com
  地 址:北京清华大学学研大厦 A 座   **邮 编:**100084
  社 总 机:010-83470000   **邮 购:**010-62786544
  投稿与读者服务:010-62776969,c-service@tup.tsinghua.edu.cn
  质量反馈:010-62772015,zhiliang@tup.tsinghua.edu.cn
印 装 者:三河市龙大印装有限公司
经 销:全国新华书店
开 本:185mm×260mm   **印 张:**8.75   **字 数:**197 千字
版 次:2022 年 3 月第 1 版   **印 次:**2024 年 8 月第 3 次印刷
定 价:59.00 元

产品编号:093937-01

编 委 会

编委主任：贾如春

顾问专家：陈振念　魏军民　陈海明　李培宇

编委成员（排名不分先后）

王金龙	杨广成	刘军	张涛	薛红霞	尚兴奎
高雪	代亮	华中东	代海燕	王和平	杨勇
史永忠	高红	袁建	樊晓春	朱倩	王丽娜
杜小明	洪振挺	宋伟强	杨小东	韦志锋	潘梦莹
田杰	洪上入	陈昭明	张嘉奇	张帅	郑俊辉
李欣	许宏鹏	李贤	高雯	吴博	

前 言

2017 年 7 月，国务院印发《新一代人工智能发展规划》，其中明确指出我国应实施全民智能教育项目，在中小学阶段设置人工智能相关课程，逐步推广编程教育，鼓励社会力量参与寓教于乐的编程教学软件及游戏的开发和推广。

2019 年 3 月 13 日，教育部发布了《2019 年教育信息化和网络安全工作要点》，明确表示从 2019 年开始，将对 2 万名中小学生信息素养运行测评，并推动在中小学阶段设置人工智能相关课程，逐步推广编程教育，还将编制《中国智能教育方案》。这无疑将青少年编程推向了另一个热潮，也将在中小学的教学中完成新的渗透率的提升，并使其真正成为"基础学科的一部分"。

现在很多国家提倡青少年学习编程，例如，英国将编程纳入中小学课程，美国前总统奥巴马呼吁全民学编程，新加坡在中小学考试中加入编程科目。

计算机程序设计能力（编程能力）作为一种基础技能，已经在国家层面得到重视。据说，人类逻辑思维能力形成的关键期在 7 岁左右，所以，逻辑思维能力越早培养越好。学编程，可以为孩子通向美好未来创造条件。编程是网络时代的必备工具，能够极大地拓展人类能力的边界。研究表明，编程能够改变人们的思维方式和处理方式，锻炼和改变人们的抽象思维和逻辑思维，在解决实际问题的过程中同样能带来帮助。本书十分注重培养孩子的逻辑思维能力、程序设计能力、分析及解决问题的能力。

目前市面上关于 Scratch 3.0 编程的书非常多。本书的特色是真正从零基础入手，先从基本的积木介绍开始，引入趣味画图后，介绍趣味数学问题的编程，以便引起读者解决问题的兴趣；最后介绍一些基础的算法，让读者打下编程的基础，掌握运用 Scratch 3.0 解决问题的能力，有助于大家顺利进入算法和数据结构的高级阶段学习。在编程的同时，可提高数学思维能力。

本书各章内容如下。

第 1 章主要介绍编程的必要性，并介绍了市场上主要的适合青少年可视化编程软件，同时重点介绍了在线使用 Scratch 3.0 及其离线安装。

第 2 章主要介绍编程的基本知识，如算法、流程图及流程图的画法，最后介绍坐标。

第 3 章主要是对 Scratch 3.0 的基本积木块进行介绍，为后续学习打下基础。

第 4 和第 5 章主要介绍 Scratch 3.0 在绘画、数学方面的具体应用，通过这些内容，可以扩展 Scratch 3.0 在数学方面的应用,从而达到提高数学思维能力的目的。

第 6 章主要介绍了一些算法,如排序、穷举、递归算法,以便为大家参加信息奥赛等相关比赛活动打下基础。

本书由平凉市教育局指导,由资深 IT 技术专家和教育专家贾如春策划并担任第一主编;由乐山师范学院贾礼平统稿、审核并担任第二主编,由平凉市教育信息中心陈振念、平凉市泾川县教育局王金龙、司法警官职业学院陈联、成都布谷鸟教育有限公司代亮、甘肃奥码客教育科技有限公司华中东、平凉市泾川县一中樊晓春等一线青少年编程专家及教师共同编写并审定。

本书图文并茂,非常适合初学编程的青少年学习,适合作为青少年编程教育及培训机构的教学用书,也适合转变教育观念的学生家长及其他任何想了解 Scratch 编程的读者学习。

虽然编者花了很多时间和精力编写本书,但难免仍有不足之处,欢迎读者批评、指正。

编 者

2022 年 1 月

目 录

第一章　编程世界

📝 **知识导读**：

本章主要介绍青少年学习编程的必要性，并介绍了目前主要的编程软件以及 Scratch 3.0。

🖱 **学习目标**：

- 了解学习编程的重要性。
- 初识 Scratch 3.0。
- 熟练使用 Scratch 3.0 离线版。
- 熟练使用 Scratch 3.0 在线版。

📷 **能力目标**：

熟练使用 Scratch 3.0 在线版和离线版，对相关功能和用法有一个初步了解。

第一节　编程教育的重要性

1. 编程教育是素质教育的必然要求

2017 年 7 月，国务院公开发布了《新时代人工智能发展规划》，该文件指出：人工智能已成为国际竞争新焦点，培养人工智能人才已成为一项十分迫切的命题。在中小学阶段设置人工智能相关课程，逐步推广编程教育，意义十分重大。

2018 年 4 月 13 日，教育部印发《教育信息化 2.0 行动计划》。该文件提出，完善课程方案和课程标准，充实适应信息时代、智能时代发展需要的人工智能和编程课程内容，推动落实各级各类学校的信息技术课程，并将信息技术纳入初、高中学业水平考试。

2018 年 4 月 18 日，四川省教育厅就当地创客教育的发展建设，发布《四川省教育厅关于进一步推进四川省中小学创客教育发展的通知》，指出要以培养学生核心素养、创新精神和实践能力为目标，从空间建设、师资培养、课程研发、活动开展、文化宣传等方面推进四川省中小学创客教育发展，为实施"大众创业，万众创新"国家战略培养创新型人才。

2018 年高考，以浙江为首，将往年高考的"6 选 3"改为"6+1 选 3"，而这里所指的"+1"就是信息技术（含编程），从而使编程正式成为高中必学科目。

2020 年 7 月,教育部下发了《大中小学劳动教育指导纲要（试行）》。也就是说从 2020 年 9 月份起,少儿编程将正式进入学生的必修课。有别于传统教育,少儿编程重点培养孩子的动手能力及思维能力,有助于提高孩子的学习能力和逻辑能力。

2020 年 12 月 9 日,教育部在给全国政协委员的答复函中称,已制定专门文件,将包括编程教育在内的信息技术内容纳入中小学相关课程,帮助学生掌握信息技术基础知识与技能,增强信息意识,发展计算思维,提高数字化学习与创新能力,树立正确的信息社会价值观。

编程教育已经成现阶段提升青少年科技能力的一个必然要求。

2. 编程的好处

许多成功人士会从小学开始学习编程,并为青少年树立了榜样。Meta（原 Facebook）创始人兼 CEO 马克·艾略特·扎克伯格（图 1-1）11 岁开始学习计算机编程,微软公司创始人比尔·盖茨（图 1-2）13 岁开始学习计算机编程,苹果公司 CEO 史蒂夫·乔布斯（图 1-3）12 岁开始学习编程,特斯拉公司创始人埃隆·马斯克（图 1-4）9 岁开始学习编程,谷歌（Google）人工智能 AlphaGo 的创始人德米什·哈萨比斯（图 1-5）8 岁开始学习编程,优步（Uber）前 CEO 特拉维斯·卡兰尼克（图 1-6）6 岁开始学习编程。

成功人士都是从小学开始学习编程

图 1-1　马克·艾略特·扎克伯格

图 1-2　比尔·盖茨

图 1-3　史蒂夫·乔布斯

图 1-4　埃隆·马斯克

图 1-5　德米什·哈萨比斯

图 1-6　特拉维斯·卡兰尼克

这些人物成长过程中都有一个共同的特点,那就是从小接触计算机编程,这使得他们总能顺应时代的潮流,及时做出正确的决策。

为什么他们能够做出正确的决策呢?

第一,编程使他们拥有很强的思考能力。编写程序就是把问题不断分割,从大问题分割成小问题,其中,必须思考如何把代码合理地安排在整个程序中,才能让程序分别完成输入、演算、输出等操作,这样就会让人们的思考能力得到极大的提升。

为什么他们能够做出正确决策呢?

第二,编程使人们拥有严密的逻辑分析能力。我们经常听程序员提到一个词语 bug,也就是我们所说的错误或缺陷,这几乎是每个程序员都要经历的事。编程时也许只是少输入了一个等号,或是在某一行的行尾少加一个分号,就可能造成程序执行的混乱。所以,在编写程序时出了错,就不能得过且过,而应想办法改正错误。

第三,编程使学习者逐步养成持续的耐心并培养永不言败的精神。通常人们在认真处理事情时,总是会受外界环境的影响,比如有的人会把手机当作游戏机,这样注意力瞬间就被"拉走"了。而编程可以使他们安静耐心地思考问题,并寻找解决问题的办法,这对于培养耐心细致的作风非常有帮助。

所以青少年一定要从小学习编程。也就是说,进行青少年编程教育,可以让他们尽早拥有编程思维,建立起发现问题→拆解问题→解决问题的整套思维模式,以便跟上未来计算机技术快速发展的步伐。

学习编程之后,青少年的能力会有以下三方面的提升。

学习编程对青少年的好处

第一,转变角色。编程会使人的逻辑思维能力大幅提升,进而拓展视野,这样青少年以后才有可能成为十分有社会影响力的角色,比如科学家、艺术家、作家及商业上的CEO,或者成为小说家、公关人员等。

第二,适应社会。老一辈的"金饭碗"目前已经不存在了,坐在办公室做些重复性的工作,未来将是不稳定的。编程思维是一种开放性的思维,有利于正面应对社会的变化。

第三,职业可期。人工智能领域在世界多国几乎都是同时起步的,所衍生的市场和职位是前所未有的。可是,万变不离其宗,最基本的能力还是以编程为基础构建起来的。理解了编程的本质,以后工作起来会更加游刃有余。

学习编程对青少年最大的好处是可以训练他们的思维方式,而在这个过程中可以让青少年培养出一种新的看待问题和处理问题的方式。少年强,则中国强!建议青少年尽早学习编程,以便将来为国家的发展做出卓越的贡献。

第二节　目前流行的青少年编程软件

目前,市面上适合青少年编程的软件比较多,归纳起来主要有两类,如表 1-1 所示。

表 1-1　青少年编程软件

类　型	代　表	特　　点	网　　址
可视化编程软件	Scratch	这是可视化编程软件中的典型代表。其缺点是有些功能不能用	https://www.scratch-cn.cn/ https://scratch.mit.edu/ (有时无法访问)
	慧编程	专注软、硬结合的国产双模式编程软件	https://mblock.makeblock.com/zh-cn/
	Mind+	这是一款拥有自主知识产权的国产青少年编程软件,集成各种主流主控板及上百种开源硬件,支持人工智能(AI)与物联网(IOT)功能,既可以拖动图形化积木编程,还可以使用 Python/C/C++ 等高级编程语言让大家体验轻松创造的乐趣	http://mindplus.cc/
	Kittenblock	Kittenblock 是一款图形化编程软件,凭借强大功能,在全球范围内积累了 2100 万以上的用户(截至 2020 年 8 月)。除了基本的如 microbit、arduino 等开源硬件的在线 / 离线编程支持外,还涵盖许多实用的插件,如 IOT、机器学习 / 人工智能等	https://www.kittenbot.cn/software
代码	C++	NOI 全国青少年信息学奥林匹克竞赛	https://bloodshed-dev-c.en.softonic.com/
	Python	涉及人工智能、大数据分析、爬虫等	https://www.python.org/

第三节　初识 Scratch 3.0

Scratch 是英文单词,当它作为名词使用时,可以翻译为划痕或者刮(或擦、抓)的刺耳声。

美国麻省理工学院媒体实验室在 2007 年使用 Scratch 这个单词作为一款软件的名称,开发了专门为 8 ~ 16 岁孩子设计的免费开源编程软件。目前 Scratch 长期在 TIOBE 全球编程语言排行榜上排名前三十。

Scratch 是一种图形化编程工具,主要面向青少年。截至 2020 年,已有 1.4 版本、2.0 版本(该版本增加了克隆积木、视频侦测、Lego 拓展积木等功能)、3.0 版本(增加了文字朗读及翻译、akey makey、micro:bit、Lego mindstorms EV3、LEGO BOOST 机器人等功能)。可以在任意版本中创作自己的程序。

Scratch 3.0 保存文件的扩展名为 .sb3,它可以打开 Scratch 1.4 版(.sb)和 2.0 版本(.sb2)

的文件。

由于 Scratch 开创性地采用类似搭积木的方法编程——把能够实现各种程序功能的积木按一定的逻辑关系组合在一起而编写程序,就像搭积木游戏一样。从而大大降低了编程难度,特别适合青少年使用,因此在全球 150 多个国家和地区的中小学得到了广泛的应用,被翻译成 70 多种语言。

本书将通过 Scratch 3.0 展现可视化编程的技巧,引导学习者通过 Scratch 3.0 实现画画、多彩的数学世界、数学趣味题、算法等案例,培养青少年的编程意识和算法思想。

第四节　Scratch 3.0 离线版

Scratch 3.0 离线版全名为 Scratch Desktop,图标如图 1-7 所示。

1. Scratch 3.0 离线版的安装

Scratch 3.0 离线版的安装步骤如下。

第一步　找到 Scratch 3.0 离线版安装软件,如图 1-8 所示。

Scratch Desktop Setup 3.12.0.exe

图 1-7　Scratch Desktop　　　　　　　图 1-8　Scratch 3.0 离线版软件

第二步　双击打开软件,如图 1-9 所示。

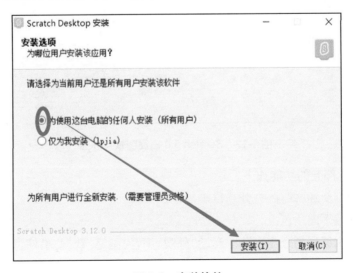

图 1-9　安装软件

单击"安装"按钮后进行安装,如图 1-10 所示,直到安装完成。

第三步　单击"完成"按钮,软件安装成功,如图 1-11 所示。

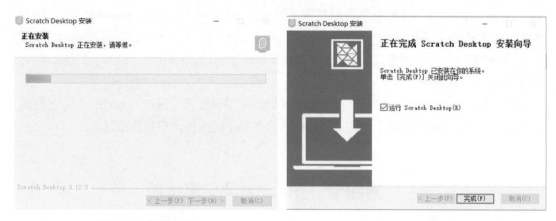

图 1-10　等待安装　　　　　　　　　　　　图 1-11　完成安装

图 1-12 是安装好了的 Scratch 3.0 软件。

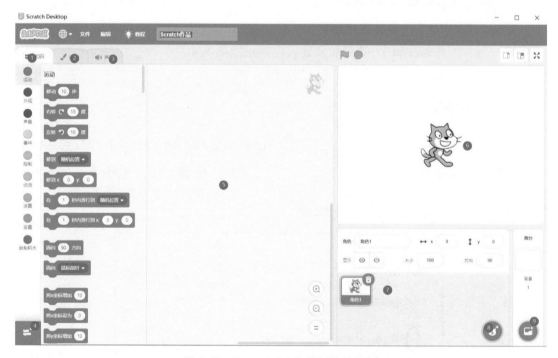

图 1-12　Scratch 3.0 离线版软件界面

Scratch 3.0 各部分的功能如下。

菜单区:进行新建、保存、打开项目等操作。

角色区:管理不同角色。

指令区:积木编程指令主要分成运动、外观、声音、画笔、数据、事件、控制、侦测、运算九大类,将在第三章重点介绍与实践。

编程区:编写程序区域。

舞台区:用于角色表演的舞台区域。

背景区：展示舞台背景。

在离线版中，①处是程序模块；②处是造型，主要是完成对角色的修改、创建等操作；③处是声音模块；④处是添加扩展，主要添加如画笔等功能的模块；⑤处是代码区，通过把①处的代码累积到此处实现作品的功能；⑥处是舞台，展示程序实现的效果；⑦处是角色区；⑧处是选择角色，角色通过此处添加；⑨处是背景，所有背景都是通过此处添加。

2. 造型

此功能可以实现对角色的造型进行创建、修改等，如图 1-13 所示。

在造型功能中，可以修改角色及创建角色等，如图 1-14 所示。其中，①处是通过摄像头来拍摄图像；②处是从本地上传一个造型（图片）；③处是随机选取一个角色；④处是绘制一个角色；⑤处是选择一个造型；⑥处是选择；⑦处是变形；⑧处是画笔；⑨处是橡皮擦；⑩处是填充；其他分别是文本、线段、圆和矩形工具。

图 1-13 造型功能（1）

图 1-14 造型功能（2）

3. 声音

声音在创作中有重要作用，功能如图 1-15 所示。其中，①处是已有的声音，可以单击上面的删除按钮 对已有声音进行删除；②处为上传本地的声音素材；③处为随机选取声音；④处是录制声音；⑤处是从软件的声音库中选取一个声音。其他操作见工具上的文字说明。

4. 其他功能区

在右边的功能区中（见图 1-16）各部分的作用如下：①处可以给角色改名；②、③处为角色的 x、y 坐标；④处可设置角色可见与不可见；⑤处可设置角色的大小；⑥处可设置角色的方向；⑦处是角色；⑧处是创建角色；⑨处是创建背景，如图 1-17 所示。

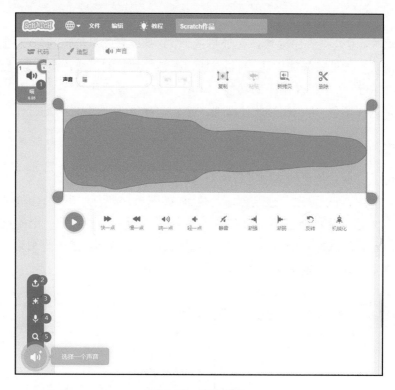

图 1-15　声音模块

图 1-16　角色区

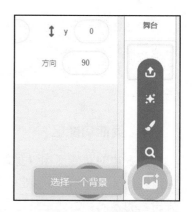

图 1-17　背景区

了解了以上功能后，就可以开始创作 Scratch 3.0 作品了。

第五节　Scratch 3.0 在线版

找到国内的一个 Scratch 3.0 在线版，网址为 https://www.scratch-cn.cn/。在浏览器中输入该网址，就可以打开对应的主页了，如图 1-18 所示。

图 1-18　Scratch 3.0 在线版

使用 Scratch 3.0 在线版时，可以通过注册及登录功能创建、保存和分享自己的作品。

打开网站后，单击"新人注册"按钮，如图 1-19 所示。

图 1-19　新人注册

然后按照流程完成注册，如图 1-20 所示。

完成注册后登录。"用户"界面有"我的仓库""我的主页""个人中心"和"我的消息" 4 种功能，如图 1-21 所示。

"我的仓库"的主要功能如图 1-22 所示。在"我的仓库"中主要保存了自己开发的项目，以及分享过和未分享的项目。"模板"主要是别人开发的项目，"活动"主要是一些作品征集，"商店"中的项目可以通过金币来兑换。

"我的主页"主要是分享自己的一些作品。

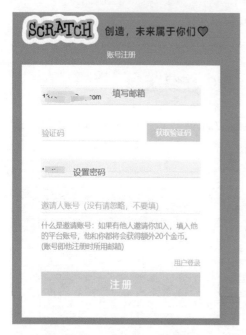

图 1-20　Scratch 3.0 在线注册

图 1-21　登录用户功能

图 1-22　"我的仓库"的功能

　　"个人中心"主要是修改自己的个人信息、昵称、个人头像,如图 1-23 所示。

　　"我的消息"主要是别人的留言,具有对话功能。

　　在 Scratch 3.0 在线功能中,通过"新建项目"可以进行 Scratch 项目开发,如图 1-24 和图 1-25 所示。

图 1-23 "个人中心"功能

图 1-24 新建项目

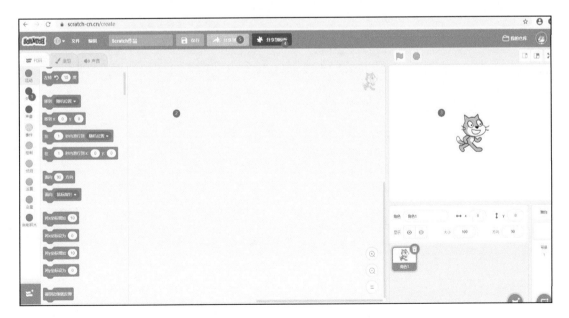

图 1-25 Scratch 3.0 在线创建项目

在图 1-25 中,①处是功能区,②处是程序区,③处是舞台,④处和⑤处是分享作品,其他功能在后面的作品讲解。"文件"菜单下分别有"新作品""从电脑中上传""保存到电脑"命令,如图 1-26 所示。

图 1-26　文件功能

"新作品"命令:用于创建一个新的作品。

"从电脑中上传"命令:用于把计算机上保存的作品上传到当前软件上运行或修改等。

"保存到电脑"命令:用于把作品保存到计算机上,以便下次操作。

如果在个人计算机上进行创作,建议用离线版进行创作并保存;如果在公共计算机上进行创作,建议用在线版。

第二章 编 程 知 识

知识导读：

本章主要介绍编程的一些基本知识,比如什么是算法,流程图的画法等。

学习目标：

- 了解什么是算法。
- 掌握算法,能画出算法的流程图。

能力目标：

学习编程就需要了解一些编程知识。应掌握算法的相关知识,并掌握解决问题的流程图画法。

第一节 什么是算法

1. 算法

生活中算法随处可见,比如,对等差数列进行求和,可以用求和公式或者累加方法实现,此处使用的求和公式或累加方法就是算法。

计算机程序通常具备两方面的描述:一是对数据的描述;二是对程序中操作数据的描述。

对数据的描述指的是数据类型和数据组织形式。

数据类型有整数类型,如1、2、3、-1、-2;浮点型,如1.24、-34.34;字符型,如'a'、'1'等。数据的组织形式在Scratch中有列表等。

对程序操作流程的描述即为算法,也就是程序执行的步骤,相当于解决一个问题的具体流程。

算法(algorithm)是指对解题方案准确而完整的描述,是一系列解决问题的清晰指令。算法代表着用系统的方法描述解决问题的策略机制,也就是说,能够对一定规范的输入,在有限时间内获得所要求的输出。一个算法的优劣可以用空间复杂度与时间复杂度来衡量。这是瑞士计算机科学家尼克劳斯·沃思(图2-1)提

图 2-1 尼克劳斯·沃思

出的,他认为:"算法 + 数据结构 = 程序。"

凭借这一观点,他获得了图灵奖。

算法的 5 个特征如下。

(1) 有穷性 (finiteness):算法必须在执行有限个步骤之后终止。

(2) 确切性 (definiteness):每一步必须有确切的定义。

(3) 输入项 (input):一个算法有 0 个或多个输入,以刻画运算对象的初始情况。

(4) 输出项 (output):一个算法有一个或多个输出,以反映对输入数据加工后的结果。没有输出的算法是毫无意义的。

(5) 可行性 (effectiveness):每个计算步骤都可以在有限时间内完成。

算法在程序中是不可缺少的,我们在百度查找资料时用到排序算法,而在购物网站购物时通常会用到推荐算法,所以算法在生活中处处可见。

2. 案例

在解决问题的过程中需要对问题设计算法,算法可以用流程图表示。

在计算 1+2+⋯+100 时,有多种方法进行计算。

如果利用等差数列公式计算,得到的和如下:

$$(1+100) × 100 ÷ 2 = 5050$$

如果用程序计算累加结果,可以定义一个变量 s 代表和,再定义一个变量 x 代表数,设计算法如下:

第一步　令 $s=0$, $x=1$。

第二步　令 $s=s+x$。

第三步　若 $x ≤ 100$,输出 s;否则令 $x=x+1$,转到第二步。

这就是求和算法。相比之下,用等差数列求和公式计算的效率要高一些。

第二节 流 程 图

1. 流程图画法

流程图直观且易于理解,是使用最广泛的算法表示方法。流程图的表示方式如图2-2所示。

开始或结束　　　　程序处理　　　　流程线

条件判断　　　　输入框　　　　连接点

图2-2 流程图元素

2. 案例分析

设计一个计算长方形面积算法的流程图。

此案例可分为以下几个步骤。

第一步 设置 num1 和 num2 两个变量,接收用户输入的长度和宽度,并存储到 num1 和 num2 两个变量中。

第二步 判断 num1 和 num2 是否大于 0,如果大于 0,继续下一个步骤;否则提示用户长度或宽度输入错误,算法结束。

第三步 计算 num1 和 num2 的乘积,并将乘积结果存储到 result 变量中。

第四步 在屏幕上显示 result 变量的值。

其计算流程图如图2-3所示。

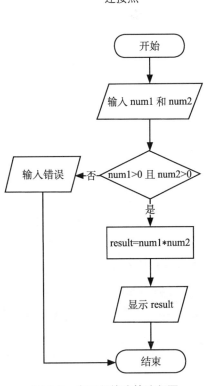

图2-3 求面积算法的流程图

第三节 坐 标

坐标就是方位,对于角色的位置很重要。在 Scratch 3.0 的动作模块中,坐标同样十分重要。

在 Scratch 3.0 中,可以通过背景添加坐标。具体做法如下。

首先在背景中寻找 xy-grid 的背景,然后添加即可,如图2-4所示。

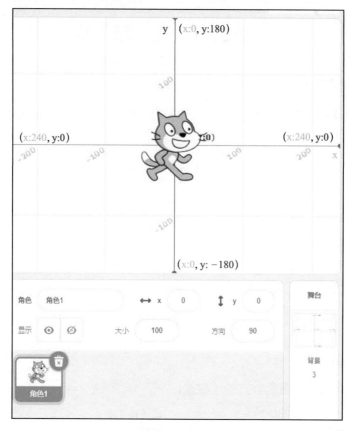

图 2-4　坐标

从图 2-4 可以看出,坐标系 x 轴的坐标是 -240 ~ 240, y 轴的坐标是 -180 ~ 180,角色的初始位置处于原点（0，0）。

在 Scratch 3.0 中用到坐标的模块分别在"运行"和"角色"面板上,如图 2-5 所示。

当然,显示 x、y 坐标可以在"运动"积木中设置（单击左边的方框会显示,不单击就不显示）,如图 2-6 所示。

图 2-5　用到坐标的积木　　　　　图 2-6　显示 x、y 坐标

第三章 神奇的程序块

知识导读：

Scratch 程序块在程序开发中的地位很重要，掌握这些积木块的使用，对使用这些积木块解决问题会带来极大的方便。本章主要对积木块进行介绍。

学习目标：

● 认识 Scratch 3.0 积木块的功能。
● 掌握 Scratch 3.0 程序块的用法。

能力目标：

熟练使用 Scratch 3.0 积木块和程序块。

第一节 积 木 概 述

Scratch 3.0 积木可以分为以下 3 类。

第一类是最常使用的，可以称为默认类别，包括运动、外观、声音、事件、控制、侦测、运算、变量 8 类、120 个积木，如图 3-1 所示。这些积木类似于其他编程语言（如 Python）的内置函数，用户可以直接使用它们编写程序。

第二类是自定义积木类别，如图 3-2 所示。这类积木相当于其他编程语言中的自定义函数，用户必须先在程序中编写代码定义函数名称及其功能，定义完成后才能在后续程序中使用。

第三类是扩展类别，如图 3-3 所示。它用于增强 Scratch 3.0 在多媒体、网络、智能硬件等方面的功能。这类积木相当于其他编程语言中的扩展函数，目前共有 11 类，需要先添加再使用。其中音乐、画笔、视频侦测这 3 种扩展积木由 Scratch 3.0 官方开发，其他公司或个人也可以根据官方技术标准开发自己的扩展积木，如图 3-4 所示。

图 3-1 基本积木

图 3-2　自定义积木　　　　　　　　　图 3-3　扩展类别

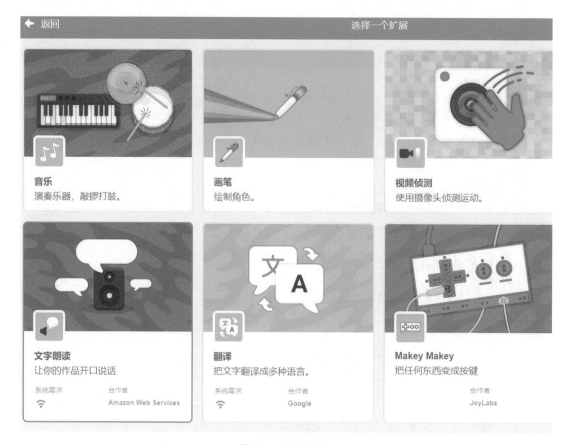

图 3-4　扩展积木

第二节　运 动 模 块

"运动"类别积木用于设置角色在舞台上如何进行各种运动。

如果当前选中的不是角色缩略图而是舞台背景缩略图,那么"运动"类别积木为空,如图 3-5 所示。

"运动"类别积木一共有 18 个,这些积木可以分为如下 7 种类型:相对位置运动、绝对位置运动、设置方向、根据坐标值运动、设置反弹、设置旋转方式及与运动相关的系统变量,如图 3-6 所示。

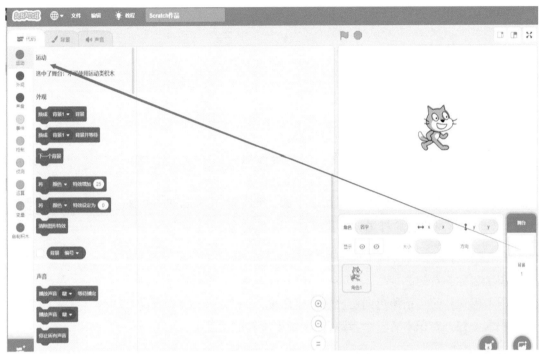

图 3-5 背景下的"动作"积木无法使用

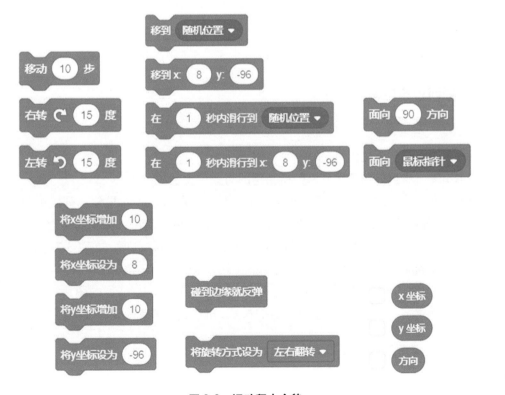

图 3-6 运动积木全貌

根据运动积木的特点,分为以下几类运动。

1. 相对位置运动

1) `移动 10 步`

积木名称:移动。

积木用途:使当前角色移动指定步数。

积木参数:本积木有一个参数,用于指定步数。如果是正数,向正方向运动,否则向相反方向运动。

Scratch 3.0角色的1步,相当于屏幕上的1个像素点。Scratch 3.0舞台是一个480像素 × 360像素的矩形(可以通过坐标系获得)。

2) `右转 C 15 度`

积木名称:右转。

积木用途:使当前角色向右旋转指定角度。

积木参数:本积木有一个参数,用于指定旋转的角度值。

3) `左转 ↺ 15 度`

积木名称:左转。

积木用途:使当前角色向左旋转指定角度。

积木参数:本积木有一个参数,用于指定旋转的角度值。

如果左转的角度是负值,那么就是右转。

2. 绝对位置运动

1) `移到 随机位置 ▼`

积木名称:移到随机位置。

积木用途:将当前角色移到参数所指定的对象位置。

积木参数:此积木有一个下拉列表参数,用于指定对象。如果角色列表区只有一个角色,那么下拉列表只有"随机位置"和"鼠标指针"两个选项;如果舞台上还有其他角色,那么会在下拉列表中再增加除本角色以外的其他角色名称选项。在图 3-7 中,除了角色1 之外,还有 Apple。选择 Apple 后,移动至下拉列表中还有"角色 1"。

每个 Scratch 3.0 角色都有一个"造型中心",默认就是角色造型的图片中心。因此角色的移动都是将"造型中心"移到指定的位置,角色的旋转都是以"造型中心"为圆心旋转。

"造型中心"可以在"造型"中进行设置,选择角色,可以看到有一个 ⊕,移动造型,就可以设置"造型中心",如图 3-8 所示。

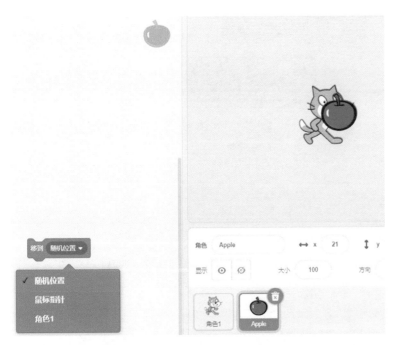

图 3-7　当有其他角色进入移动位置

图 3-8　设置"造型中心"

2) 移到 x 0 y: 0

积木名称：移到指定的坐标位置。

积木用途：将当前角色移到参数所指定的坐标位置。

积木参数：本积木有两个参数,用于指定 x 坐标值和 y 坐标值

3) 在 1 秒内滑行到 随机位置▼

积木名称：在限定时间内滑行到随机位置。

积木用途：将当前角色在指定时间内滑行到随机的对象位置。

积木参数：本积木有两个参数。第一个参数用以指定时间。第二个是下拉列表参数,用于指定对象,如果角色列表区只有一个角色,那么下拉列表仅包含"随机位置"和"鼠标指针"两个选项;如果有两个或两个以上角色,那么会在下拉列表中增加除本角色以外的其他角色名称选项,如图 3-9 所示。

4) 在 1 秒内滑行到 x 0 y: 0

积木名称：在限定时间内滑行到指定的坐标位置。

积木用途：将当前角色在指定时间内滑行到参数指定的坐标位置。

积木参数：本积木有 3 个参数。第一个参数用于指定时间,时间值越小,移动的速度越快;第二和第三个参数用于指定 x 坐标值和 y 坐标值。

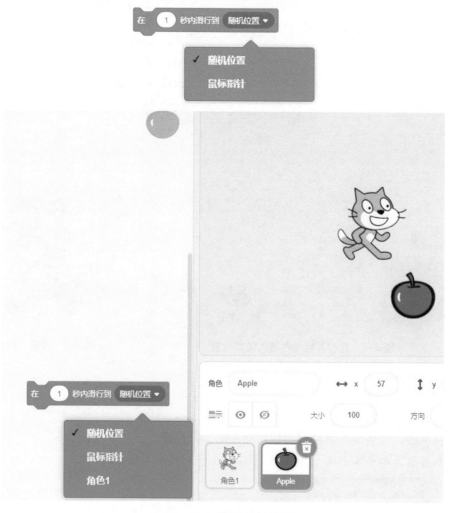

图 3-9　移动到其他角色位置

3. 设置方向

1） 面向 90 方向

积木名称：面向指定方向。

积木用途：使当前角色面向指定方向。

积木参数：本积木有一个参数，用于指定方向的角度值。单击参数框会打开如图 3-10 所示的"角度设置"面板，用鼠标拖动面板右边的箭头，可以设置以 15° 为间隔的角度值；也可以在参数输入框中直接输入任意的角度值。

Scratch 角色方向的角度值可以用绝对数值——也就是 0～360 表示：其中 0 和 360 都表示角色"向上"，90 表示角色"向右"，180 表示角色"向下"，270 表示角色"向左"。也可以使用相对数值表示：如果 90 表示角色"向右"，那么-90 就表示角色"向左"。

图 3-10　"角度设置"面板

2)

积木名称：面向对象方向。

积木用途：使当前角色面向指定对象。

积木参数：本积木有一个下拉列表参数,用于指定对象。如果角色列表区只有一个角色,那么下拉列表仅包含"鼠标指针"一个选项；如果有两个或两个以上角色,那么会在下拉列表中增加除本角色以外的其他角色名称选项,如图 3-11 所示。

图 3-11　面向其他角色

4. 根据坐标值运动

1) 将x坐标增加 10

积木名称：将 x 坐标增加指定值。

积木用途：将当前角色的 x 坐标值在原数值基础上增加指定值。

积木参数：本积木有一个参数,用于指定增加值。

2) 将y坐标增加 10

积木名称：将 y 坐标增加指定值。

积木用途：将当前角色的 y 坐标值在原数值基础上增加指定值。

积木参数：本积木有一个参数,用于指定增加值。

3) 将x坐标设为 0

积木名称：将 x 坐标设为指定值。

积木用途：将当前角色的 x 坐标值直接设为指定值。

积木参数：本积木有一个参数,用于指定设置值。

4) 将y坐标设为 0

积木名称：将 y 坐标设为指定值。

积木用途：将当前角色的 y 坐标值直接设为指定值。

积木参数：本积木有一个参数,用于指定设置值。

5. 设置反弹及设置旋转方式

1) 碰到边缘就反弹

积木名称：碰到边缘就反弹。

积木用途：设置当前角色碰到舞台边缘就反弹。

积木参数：无。

所谓"反弹"就是向相反方向运动,反弹以后角色会旋转,默认旋转方式是"任意旋转";如果需要改为其他旋转方式,可以使用下一条

图 3-12 碰到边缘就反弹

将旋转方式设为 左右翻转 ▼ 积木,如图 3-12 所示程序。单击 ▶ 运行程序,可以看到小猫在舞台两端不断地来回反弹。

2) 将旋转方式设为 左右翻转 ▼

积木名称：将旋转方式设为指定的旋转方式。

积木用途：设置当前角色的旋转方式。

积木参数：本积木有一个下拉列表参数,用于指定旋转方式。主要包含 3 个选项：左右翻转、不可旋转和任意旋转。其中"不可旋转"就是保持原样不旋转,"左右翻转"和"任意旋转"的旋转样式如图 3-13 所示。

原图   左右翻转   任意旋转

图 3-13   旋转方式

6. 与运动相关的系统变量

1) x 坐标

积木名称：x 坐标。

积木用途：获取当前角色在舞台上的 x 坐标值。

积木参数：无。

2)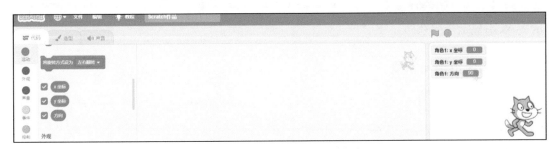

积木名称：y 坐标。

积木用途：获取当前角色在舞台上的 y 坐标值。

积木参数：无。

3) 方向

积木名称：方向。

积木用途：获取当前角色在舞台上的方向值。

积木参数：无。

提示：输入 x 坐标、y 坐标并选中方向后，可以在舞台上显示位置，如图 3-14 所示。

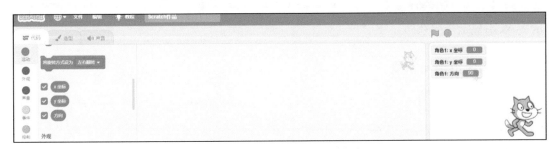

图 3-14　显示 x 坐标、y 坐标和方向

第二节　外 观 模 块

Scratch 3.0 提供了 20 多个外观积木，具体如下。

1. 内容输出

1) 说 你好！ 2 秒

积木名称：说出内容并等待。

积木用途：使当前角色用单气泡图的方式显示输出内容并等待指定的时间。

积木参数：此积木有两个参数，第一个参数指定显示的文本，第二个参数指定时间。

2) 说 你好！

积木名称：说出内容。

积木用途：使当前角色用单气泡图的方式显示文本。

积木参数：本积木有一个参数，用于指定显示文本

如果有多个这样的积木，当程序运行后，只会显示最后一个内容。

3) 思考 嗯…… 2 秒

积木名称：思考并等待。

积木用途：使当前角色用多气泡图的方式显示文本并等待指定的时间，然后消失。

积木参数：本积木有两个参数，第一个参数用于指定显示文本，第二个参数用于指定时间。

4) 思考 嗯······

积木名称：思考。

积木用途：使当前角色用多气泡图的方式显示文本。

积木参数：本积木有一个参数，用于指定显示的文本。

说 你好！ 和 思考 嗯······ 这两个积木都没有时间参数，因此会一直显示指定的文本。可以再使用"角色反馈"积木显示新的文本，这时新文本内容会替换原有文本内容；如果新文本内容是空的（删除默认文本参数后不输入任何字符，空格也不能有），那么会取消原有显示文本，不显示任何东西。

2. 角色造型与背景

1) 换成 造型1▼ 造型

积木名称：换成指定造型。

积木用途：将当前角色的造型换成指定名称的造型。

积木参数：本积木有一个下拉列表参数，用于指定造型名称；列表内容就是当前角色所有造型的名称。

在确认已经选中角色缩略图的前提下，单击打开"造型"选项卡，可以查看、编辑、添加及删除角色的造型，如图 3-15 所示。通过编辑工具，可以对造型进行修改。

图 3-15　查看、编辑、添加及删除角色的造型

2）下一个造型

积木名称：下一个造型。

积木用途：设置当前角色的造型为下一个造型。如果当前角色只有一个造型,那么本积木无效。

积木参数：无。

3）换成 背景1▼ 背景

积木名称：换成指定背景。

积木用途：将当前舞台的背景换成指定名称的背景。

积木参数：本积木有一个下拉列表参数,用于指定背景名称,列表内容就是当前舞台所有背景的名称。

在确认已经选中舞台背景缩略图的前提下,单击打开"背景"选项卡,可以查看、编辑、添加及删除舞台背景图片,如图 3-16 所示。

图 3-16　查看、编辑、添加及删除舞台背景

4）下一个背景

积木名称：下一个背景。

积木用途：设置当前舞台的背景为下一个背景（如果舞台只有一个背景图片,那么本积木无效）。

积木参数：无。

3. 角色大小

1）将大小增加 50

积木名称：将大小增加指定值。

积木用途：将当前角色的大小在原数值基础上增加指定值。

积木参数：本积木有一个参数,用于指定增加值。

在 Scratch 3.0 中,角色默认大小是 100；增加值是相对于原大小的百分值,如果积木参数是 50,表示该造型在原大小的基础上增加 50%,也就是原大小的 150%。如果要缩小,可以使用负值。如 −50 就是在原大小的基础上减少 50%,也就是原大小的一半。

2) 将大小设为 100

积木名称：将大小设为指定值。

积木用途：将当前角色的大小直接设为指定值。

积木参数：本积木有一个参数,用于指定设置值。这个值也是一个相对于原大小的百分值,如 200 就是原大小的 2 倍,最小值是 0。

在 Scratch 中,有很多积木与当前的积木一样,是成对出现的积木。其中一块积木的参数是相对数值,也就是在原有数值基础上增加 / 减少；另一块积木的参数是绝对数值,即不管原有数值是多少,直接设为这个数值。

4. 角色图形特效

1) 将 颜色 特效增加 25

积木名称：将颜色等特效增加指定值。

积木用途：将当前角色的颜色等特效值在原数值基础上增加指定值。

积木参数：本积木有两个参数,第一个是下拉列表参数,用于指定特效类型,包括颜色、鱼眼、旋涡、像素化、马赛克、亮度、虚像 7 个选项,如图 3-17 所示；第二个参数用于指定增加值。

2) 将 颜色 特效设定为 0

积木名称：将颜色等特效设定为指定值。

积木用途：将当前角色的颜色等特效值直接设为指定值。

积木参数：本积木有两个参数,第一个是下拉列表参数,用于指定特效类型,包括颜色、鱼眼、旋涡、像素化、马赛克、亮度、虚像这七个选项（图 3-17）；第二个参数用于指定设置值。

3) 清除图形特效

积木名称：清除图形特效。

积木用途：清除之前设置的所有图形特效恢复原始状态。

积木参数：无。

图 3-17 角色特效参数与设定值

5. 角色显示与隐藏

1) 显示

积木名称：显示。

积木用途：设置当前角色状态为"显示"，也就是在舞台上能够看到当前角色。

积木参数：无。

2) 隐藏

积木名称：隐藏。

积木用途：设置当前角色状态为"隐藏"，也就是在舞台上不能够看到当前角色。

积木参数：无。

6. 角色层级

1) 移到最 前面▾

积木名称：移到特定层。

积木用途：将当前角色移到特定层级。

积木参数：本积木有一个下拉列表参数，用于指定层级，选项包括"前面"和"后面"这两项。

2) 前移▾ 1 层

积木名称：移动指定层数。

积木用途：将当前角色前移或者后移到指定层数。

积木参数：本积木有两个参数，第一个是下拉列表参数，用于指定当前角色是"前移"还是"后移"；第二个参数用以指定移动的层数。

7. 与外观相关的系统变量

1) 造型 编号▾

积木名称：造型编号。

积木用途：获取当前角色的当前造型编号或者名称。

积木参数：本积木有一个下拉列表参数，用于指定读取的是造型编号还是造型名称。

2) 背景 编号▾

积木名称：背景编号。

积木用途：获取舞台的当前背景编号或者名称。

积木参数：本积木有一个下拉列表参数，用于指定读取的是背景编号还是背景名称。

3) 大小

积木名称：大小。

积木用途：获取当前角色的大小值。

积木参数：无。

提示：

（1）选择造型编号、背景编号和大小后，在舞台上可以显示出来，如图 3-18 所示。

图 3-18　造型编号、背景编号和大小

（2）选中舞台背景缩略图时有效。当选中舞台背景缩略图时，"外观"类别积木只有 7 个，其中 6 个与选中角色缩略图时完全相同，只有以下这个积木是独有的。

4）　换成 背景1▼ 背景并等待

积木名称：换成指定背景并等待。

积木用途：将当前舞台背景换成指定名称的背景并等待。

积木参数：本积木有一个下拉列表参数，用于指定背景。列表内容就是当前舞台所有背景的名称。

第三节　声 音 模 块

"声音"类别积木用于角色播放、声音控制，设置所播放声音的属性。"声音"类别积木一共有 9 个，这些积木可以分为四种类型：控制播放、设置音效、设置音量及获取音量值。

1. 控制播放

1）　播放声音 喵▼ 等待播完

积木名称：播放声音并等待播完。

积木用途：等待当前角色播放完指定声音以后，再继续执行程序。

积木参数：本积木有一个下拉列表参数，用于指定声音名称，列表内容就是当前角色所有的声音文件名称。

Scratch 3.0 的"声音"选项卡可以查看、编辑、添加、删除声音文件。如图 3-19 显示的就是小猫角色的"声音"选项卡。左上角有一个角色默认的名为"喵"的声音文件，目前处于选中状态，可以在选项卡右边对这个声音进行预览、编辑操作。

要添加声音文件，可以单击左下角的◉按钮，选择从 Scratch 声音库选择、上传声音文件、录制声音文件等几种方式添加声音文件。

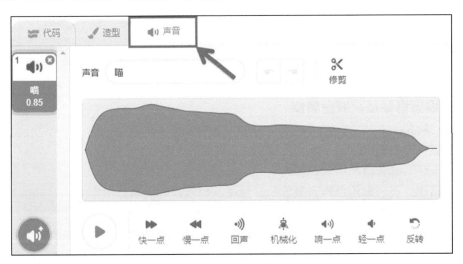

图 3-19 添加声音

2) 播放声音 喵▾

积木名称：播放声音。

积木用途：当前角色播放指定声音的同时，继续执行程序。

积木参数：本积木有一个下拉列表参数，用于指定声音名称，列表内容就是当前角色所有的声音文件名称。

3) 停止所有声音

积木名称：停止所有声音。

积木用途：停止角色所有声音的播放。

积木参数：无。

2. 设置音效

1) 将 音调▾ 音效增加 10

积木名称：将音效增加指定值。

积木用途：将当前角色的音效在原数值基础上增加指定值。

积木参数：本积木有两个参数，第一个是下拉列表参数，用于指定音效类型，包括"音调"和"左右平衡"两个选项；第二个参数用于指定增加值。

2) 将 音调▾ 音效设为 100

积木名称：将音效设为指定值。

积木用途：将当前角色的音效直接设为指定值。

积木参数：本积木有两个参数，第一个是下拉列表参数，用于指定音效类型，包括"音调"和"左右平衡"两个选项；第二个参数用于指定设置值。

3)

积木名称：清除音效。

积木用途：清除当前角色的所有音效，恢复原始状态。

积木参数：无。

3. 设置音量及获取音量值

1)

积木名称：将音量增加指定值。

积木用途：将当前角色声音播放的音量在原数值基础上增加指定值。

积木参数：本积木有一个参数，用于指定增加值。

在 Scratch 3.0 中，角色默认声音的大小也是 100；增加值是相对于原大小的百分值，如果这个数值是正数，那么音量增加；如果是负数，那么音量减少。

2)

积木名称：将音量设为指定值。

积木用途：将当前角色声音播放的音量直接设为指定值。

积木参数：本积木有一个参数，用于指定设置值，默认是 100，也就是按原始音量播放；如果是 50，那么只有原始音量的一半；如果是 0，那么听不到声音。

3)

积木名称：音量。

积木用途：获取当前角色的音量值。

积木参数：无。

第四节　事件模块

"事件"是指事先设定的、能被程序识别和响应的动作。比如单击 Scratch 3.0 舞台左上角的绿旗，就会发生"当绿旗被单击"事件，程序中所有"当绿旗被单击"积木都会执行。

"事件"类别积木一共有 8 个，这些积木可以分为用户事件、系统事件和广播消息三种类型。

1. 用户事件及系统事件

1)

积木名称：当绿旗被单击。

积木用途：当绿旗被单击时执行积木下方的脚本。

积木参数：无。

提示：Scratch 程序一般都是通过单击舞台左上方的 ▶ 开始运行，因此 Scratch 程序应该至少包含一个 █ 积木。

2）

积木名称：当按下指定键。

积木用途：当按下指定按键时执行积木下方的脚本。

积木参数：本积木有一个下拉列表参数，用于指定按键；列表内容是一些常用的键盘按键，包括空格键、方向控制键、任意键、字母键、数字键。

3）

积木名称：当角色被单击。

积木用途：当角色被单击时执行积木下方的脚本。

积木参数：无。

4）

积木名称：当背景换成指定背景。

积木用途：当换成指定背景时执行积木下方的脚本。

积木参数：本积木有一个下拉列表参数，用于指定背景名称；列表内容就是当前舞台所有背景的名称。当有多个背景时，可以选择想要的背景。

5）

积木名称：当系统事件条件满足。

积木用途：当指定的系统事件条件大于指定值时，执行积木下方的脚本。

积木参数：本积木有两个参数：第一个是下拉列表参数，用于指定系统条件，包括响度和计时器两个选项；第二个用于指定数值。

2. 广播消息

1）

积木名称：当接收到消息。

积木用途：当接收到指定消息时，执行积木下方脚本。

积木参数：本积木有一个下拉列表参数，用于指定消息名称。如果没有新建过消息，那么下拉列表仅包括"新消息"和默认的"消息 1"两个选项；如果新建了消息，那么就会在下拉列表中再增加新建的消息选项。

要新建消息，可以单击积木下拉列表中的"新消息"选项，在打开的"新消息"对话框中输入新消息的名称，最后单击"确定"按钮，如图 3-20 所示。

图 3-20 "新消息"对话框

2)

积木名称:广播消息。

积木用途:广播指定的消息。

积木参数:本积木有一个下拉列表参数,用于指定消息名称,包括默认的"新消息""消息 1"以及其他新建的消息。

3)

积木名称:广播消息并等待。

积木用途:广播指定的消息并等待。与上一条"广播消息"积木不一样的是:本积木广播消息后并不马上向下执行程序,而是等待所有接收到这条消息的脚本都执行完以后,才会继续向下执行程序。

积木参数:本积木有一个下拉列表参数,用于指定消息,包括默认的"新消息""消息 1"以及其他新建的消息。

第五节 控 制 模 块

"控制"类别积木主要用于控制 Scratch 3.0 程序的执行,大多数是与"循环""选择"程序结构相关的积木。

"控制"类别积木在选中角色缩略图时有 11 个,这些积木可以分为等待、重复执行、条件判断、停止以及克隆五种类型。

当选中舞台背景缩略图时,"控制"类别积木只有 9 个,少了"当作为克隆体启动时"与"删除本克隆体"两个与克隆相关的积木,这是由于舞台背景不能进行克隆所决定的。

1. 等待及重复执行

1)

积木名称:等待时间。

积木用途：暂停执行程序,等待指定的时间以后,再继续执行程序。

积木参数：本积木有一个参数,用于指定时间。

2)

积木名称：重复执行指定次数。

积木用途：将中间的积木块重复执行指定的次数。

积木参数：本积木有一个参数,用于指定次数。

提示："控制"类别积木中,有很多积木中间可以搭建由一个或者若干个积木组成的"积木块"。"重复执行"的两个积木,中间的积木块是需要重复执行的积木,也叫作"循环体"。

3)

积木名称：重复执行。

积木用途：一直重复执行积木中间的积木块。

积木参数：无。

与上一个积木不同的是：这个积木没有重复执行的次数限制,会一直重复执行下去。如果程序设计不当,有可能造成"死循环",也就是程序一直在积木块中反复执行而不能结束。

2. 条件判断及停止

1)

积木名称：条件判断。

积木用途：如果条件成立,那么执行积木中间的积木块；如果条件不成立,那么就不执行。

积木参数：本积木有一个参数,用于指定条件。

2)

积木名称：多条件判断。

积木用途：如果条件成立,那么执行积木的第一个积木块；如果条件不成立,那么就执行积木的第二个积木块。

积木参数：本积木有一个参数,用于指定条件。

3）

积木名称：等待条件成立。

积木用途：停止执行程序,等待所指定的条件成立以后再继续执行程序。

积木参数：本积木有一个参数,用于指定条件。

4）

积木名称：重复执行直到条件成立。

积木用途：当指定的条件不成立时,重复执行积木中间的积木块；条件成立以后结束重复。

积木参数：本积木有一个参数,用于指定条件。

5）

积木名称：停止。

积木用途：停止执行指定的脚本。

积木参数：本积木有一个下拉列表参数,用于指定脚本。它包括三个选项："全部脚本""这个脚本""该角色的其他脚本"。

3. 克隆

1）

积木名称：当作为克隆体启动时。

积木用途：当作为克隆体启动时,执行积木下方的脚本。

积木参数：无。

2）

积木名称：克隆。

积木用途：克隆指定的角色。

积木参数：本积木有一个下拉列表参数,用于指定角色,包括"自己"和角色列表区其他角色的名称。如果选中的是舞台背景,那么这个下拉列表参数默认的选项不是"自己",而是角色列表区的第一个角色名称。

3）

积木名称：删除此克隆体。

积木用途：删除当前的克隆体。

积木参数：无。

第六节　侦 测 模 块

侦测"类别积木主要用于检测角色、舞台,以及系统状态等信息。"侦测"类别积木在选中角色缩略图时有 18 个,这些积木可以分为五种类型:检测位置关系,询问,检测键盘和鼠标,设置拖动模式,检测系统相关状态。

由于舞台是不可以移动的,因此"侦测"类别积木在选中舞台背景缩略图时只有 13 个,缺少"检测位置关系"和"设置拖动模式"两种类型的 5 个积木。

1. 检测位置关系

1) 碰到 鼠标指针 ▼ ?

积木名称:是否碰到对象。

积木用途:用布尔值表示。检测当前角色有没有碰到指定对象,如果碰到了,那么返回值为 true;否则返回值为 false。

积木参数:本积木有一个下拉列表参数,用于指定对象。如果角色列表区只有一个角色,那么下拉列表仅包含"鼠标指针"一个选项;如果有两个或两个以上角色,那么会在下拉列表中增加除本角色以外的其他角色名称。

2) 碰到颜色 ?

积木名称:是否碰到颜色。

积木用途:用布尔值表示。检测当前角色有没有碰到指定颜色,如果碰到了,那么返回值为 true;否则返回值为 false。

积木参数:本积木有一个颜色参数,用于指定颜色。单击参数框,会打开如图 3-21 所示的颜色面板。先用鼠标拖动"颜色"区域的滑竿,用于选择颜色;然后分别拖动"饱和度"和"亮度"区域的滑竿,确定颜色的饱和度和亮度。除此以外,还可以通过面板最下方的 图标吸取、定义颜色:先单击这个图标,舞台会高亮显示;然后将鼠标指针移到舞台上,鼠标指针会变成放大镜样式,放大镜中间的小点用于吸取颜色,它指向的颜色会在放大镜的圆框上显示;当确定所指向颜色就是所需要颜色以后,单击时,Scratch 3.0 会自动把这种颜色在面板上显示出来,同时 Scratch 编程窗口恢复原状。指定颜色以后,可以单击颜色面板以外的区域关闭面板。

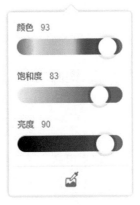

图 3-21　颜色面板

3) 颜色 碰到 ?

积木名称:左边颜色是否碰到右边颜色。

积木用途:用布尔值表示。检测第一个指定颜色有没有碰到第二个指定颜色,如果碰到了,那么返回值为 true;否则返回值为 false。

积木参数:本积木有两个颜色参数,分别用于指定检测的这两种颜色。

4)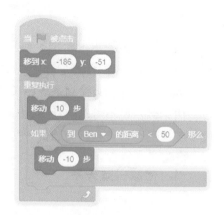

积木名称：到对象的距离。

积木用途：获取当前角色到指定对象的距离值。

积木参数：本积木有一个下拉列表参数，用于指定对象。如果角色列表区只有一个角色，那么下拉列表仅包含"鼠标指针"一个选项；如果有两个或两个以上角色，那么会在下拉列表中增加除本角色以外的其他角色名称。

例如，创建两个角色 Bear 和 Ben，让两个角色永远不能相碰。对于 Bear，当其到 Ben 的距离小于 50 时，后退 10 步，角色的程序如图 3-22 所示。

图 3-22　角色程序

对于 Ben，角色程序如图 3-23 所示。

实际效果如图 3-24 所示。

图 3-23　Ben 角色程序

图 3-24　实际效果

2. 询问

1) 询问 What's your name? 并等待

积木名称：询问并等待。

积木用途：显示指定文本内容并等待用户输入。

积木参数：本积木有一个参数，用于指定文本。

提示：本积木是 Scratch 非常重要的交互积木，主要用于接收用户通过键盘输入的信息。积木运行时（图 3-25），程序会暂停执行，在当前角色右上角显示参数指定的文本内容；同时在舞台下方显示文本输入框，等待用户输入。用户输入完成后，直接按 Enter 键或者单击输入框右边的✅图标，程序会继续执行。

图 3-25　询问

2) 回答

积木名称：回答。

积木用途：获取用户通过"询问并等待"积木输入的数据。

积木参数：文本内容。

3. 检测键盘和鼠标

1) 按下 空格 键?

积木名称：是否按下指定键。

积木用途：用布尔值表示。检测是否按下键盘上指定的键。如果碰到了,那么返回值为 true；否则返回值为 false。

积木参数：本积木有一个下拉列表参数,用于指定键；列表内容是一些常用的键,包括空格键、方向控制键、任意键、字母键、数字键。

2) 按下鼠标?

积木名称：是否按下鼠标。

积木用途：用布尔值表示。检测是否按下鼠标,如果按下了,那么返回值为 true；否则返回值为 false。

积木参数：无。

3) 鼠标的x坐标

积木名称：鼠标的 x 坐标。

积木用途：获取鼠标当前的 x 坐标值。

积木参数：无。

4) 鼠标的y坐标

积木名称：鼠标的 y 坐标。

积木用途：获取鼠标当前的 y 坐标值。

积木参数：无。

4. 设置拖动模式及检测系统相关状态

1) 将拖动模式设为 可拖动 ▾

积木名称：将旋转模式设为指定类型。

积木用途：设置当前角色在程序运行过程中是否可以用鼠标拖动（默认状态下,角色在程序编写过程中可以通过拖动改变其在舞台上的位置,但在程序运行过程中不可以拖动）。

积木参数：本积木有一个下拉列表参数,用于指定角色是否可拖动。包括"可拖动"和"不可拖动"两个选项。

2) 响度

积木名称：响度。

积木用途：获取当前角色的响度值。

积木参数：无。

3) 计时器

积木名称：计时器。

积木用途：获取计时器的当前值。

积木参数：无。

4) 计时器归零

积木名称：计时器归零。

积木用途：将计时器的值归零。

积木参数：无。

5) 舞台 ▾ 的 背景编号 ▾

积木名称：设置对象的属性。

积木用途：获取指定对象的指定属性值。

积木参数：本积木有两个下拉列表参数。第一个用于指定对象。如果角色列表区只有一个角色,那么下拉列表仅包含"舞台"一个选项;如果有两个或两个以上角色,那么会在下拉列表中增加除本角色以外的其他角色名称。第二个参数用于指定需要获取的属性。

提示：如果积木第一个参数指定的是"舞台",那么下拉列表包括"背景编号""背景名称""音量"以及变量名称等选项。

如果积木第一个参数指定的是角色,那么下拉列表包括角色的"x 坐标""y 坐标""方向""造型编号""造型名称""大小""音量"等选项,如图 3-26 所示。

6)  当前时间的 年▼

积木名称：当前时间。

积木用途：获取当前指定的时间属性值,具体可以获取当前的年、月、日、星期、时、分、秒这些数值。

积木参数：本积木有一个下拉列表参数,用于指定需要获取的时间属性,包括"年""月""日""星期""时""分""秒"选项。

7) 2000年至今的天数

积木名称：2000 年至今的天数。

积木用途：获取从 2000 年 1 月 1 日到程序使用当天的总天数。

积木参数：无。

图 3-26　角色对应的下拉列表选项

8) 用户名

积木名称：用户名。

积木用途：系统变量,用于存储用户名。

积木参数：无。

第七节　运 算 模 块

"运算"类别积木主要用于进行算术运算、逻辑运算以及字符操作。数学知识涉及小学和初中的内容。

"运算"类别积木共有 18 个,这些积木可以分为：算术运算、比较运算、逻辑运算、字符串操作、取余、四舍五入及数学运算这七种类型。

1. 算术运算

1) ◯ + ◯

积木名称：加。

积木用途：求两个参数相加的和。

积木参数：本积木有两个参数,也就是需要相加的两个数。

2) ◯ - ◯

积木名称：减。

积木用途：求两个参数相减的差。

积木参数：本积木有两个参数,也就是需要相减的两个数。

3)

积木名称：乘。

积木用途：求两个数相乘的积。

积木参数：本积木有两个参数，也就是需要相乘的两个数。

4)

积木名称：除。

积木用途：求两个数相除的商。

积木参数：本积木有两个参数，也就是需要相除的两个数。

5)

积木名称：取随机数。

积木用途：在两个数之间随机取一个数。

积木参数：本积木有两个参数，用于设置所取随机数的范围。

提示：随机数积木的参数如果分别设置为 1 和 10，那么就会在 1 ~ 10 中随机生成一个整数（包括 1 和 10 这两个数）。如果要生成一个纯小数，那么这两个参数可以设置为 0 和 1.0；即只要有一个小数，两个数才能产生小数随机数。

2. 比较运算

1)

积木名称：大于。

积木用途：布尔值。如果第一个参数大于第二个参数，那么返回值为 true，也就是条件成立；否则返回值为 false，也就是条件不成立。

积木参数：本积木有两个参数，也就是需要比较两个数据。

提示：比较运算积木的参数，除了可以是常量，也可以是变量或者表达式，甚至可以是字符或者字符串。如果是字符，那么比较的是字符的 ASCII 值；如果是字符串，那么按字符串从左往右的顺序依次比较各字符的 ASCII 值。Scratch 3.0 比较字符时会忽略大小写。

2)

积木名称：小于。

积木用途：求布尔值。如果第一个参数小于第二个参数，那么返回值为 true，也就是条件成立；否则返回值为 false，也就是条件不成立。

积木参数：本积木有两个参数，也就是需要比较的两个数据。

3)

积木名称：等于。

积木用途：求布尔值。如果第一个参数等于第二个参数，那么返回值为 true，也就是条件成立；否则返回值为 false，也就是条件不成立。

积木参数：本积木有两个参数，也就是需要比较的两个数据。

3. 逻辑运算

1)

积木名称：与。

积木用途：求布尔值。如果两个参数的布尔值都为 true，也就是条件都成立，那么返回值为 true；否则返回值为 false。

积木参数：本积木有两个参数，也就是需要进行逻辑运算的两个布尔值。

提示：逻辑运算积木的参数是可以嵌套的，通过这样的嵌套，可以进行三个布尔值的运算：只有这三个布尔值（本例中是 a＞b、b＞c、c＞d）都为 true，那么这条积木返回值才是 true。

2)

积木名称：或。

积木用途：求布尔值。如果两个参数有一个参数的布尔值为 true（也就是两个参数中，只要有一个布尔值为 true），那么返回值为 true；否则返回值为 false。

积木参数：本积木有两个参数，也就是需要进行逻辑运算的两个布尔值。

3)

积木名称：不成立。

积木用途：求布尔值。如果参数布尔值为 false，那么返回值为 true；如果参数布尔值为 true，那么返回值为 false。

积木参数：本积木有一个参数，也就是需要进行逻辑运算的这个布尔值。

提示：Scratch 没有提供 ≥（大于或等于）和 ≤（小于或等于）运算符，最简单的方法可以使用 积木来实现：如 可以用来表示 $x \geqslant 10$， 可以用来表示 $x \leqslant 50$。

以上三种逻辑运算过程如表 3-1 所示。

表 3-1 逻辑运算表

A	B	A 与 B	A 或 B	A 不成立	B 不成立
true	true	true	true	false	false
true	false	false	true	false	true
false	true	false	true	true	false
false	false	false	false	true	true

4. 字符串操作

1) [连接 apple 和 banana]

积木名称：连接。

积木用途：将两个字符串连接起来。

积木参数：本积木有两个参数，分别用于连接指定的两个字符串。

2) [apple 的字符数]

积木名称：获取字符个数。

积木用途：获取指定字符串的字符个数。

积木参数：本积木有一个参数，用于指定字符串。

3) [apple 的第 1 个字符]

积木名称：获取字符。

积木用途：获取指定字符串指定位置的字符。

积木参数：本积木有两个参数。第一个参数用于指定字符串；第二个参数用于指定位置序号。字符下标从 1 开始，最后一个为这个字符串的长度。

4) [apple 包含 a ?]

积木名称：确定是否包含。

积木用途：求布尔值。如果第一个参数包含第二个参数，那么返回值为 true；否则为 false。

积木参数：本积木有两个参数，第一个参数用于指定字符串，第二个参数用于指定字符。

5. 取余、四舍五入及数学运算

1) [除以 的余数]

积木名称：取余。

积木用途：求第一个参数除以第二个参数的余数。

积木参数：本积木有两个参数，分别用于指定被除数和除数。

2) [四舍五入]

积木名称：四舍五入。

积木用途：对一个数进行四舍五入求近似数。当这个数十分位上的数字小于或等于 4 时，舍去小数部分；当这个数十分位上的数字大于或等于 5 时，舍去小数部分后，整数部分加 1。

积木参数：本积木有一个参数，用于指定需要四舍五入的数。

3) [绝对值 ▾]

积木名称：数学运算。

积木用途：进行指定的各种数学运算。

积木参数：本积木有两个参数。第一个是下拉列表参数，用于指定具体的数学运算方法，包括绝对值、向下取整、向上取整、平方根、sin、cos、tan、asin、acos、atan、In、log、e^、10^；第二个参数用于指定具体计算的数。如图3-27所示。

提示：本积木中的"向下取整"和"向上取整"是两个常用的数学运算模块。其中"向下取整"也称为"去尾法"，也就是不管尾数是多少都舍去；"向上取整"也称为"进一法"，也就是不管尾数是多少都向上进一。如3.1向下取整是3，向上取整是4。

图 3-27　数学运算

第八节　变　量　模　块

Scratch 3.0 中的"变量"用于存储单个数据，而"列表"则用于按顺序存储若干个数据。

"变量"类别积木共有两个创建按钮、17 个积木，这些积木可以分为变量和列表两大类。

1. 变量

1) 建立一个变量

积木名称：建立一个变量。

积木用途：单击这个积木按钮，会出现如图3-28所示的对话框，在对话框中输入需要创建变量的名称，再单击"确定"按钮关闭对话框，就会新建一个变量。在该对话框中还可以指定变量的作用范围：默认选中的第一个选项"适用于所有角色"是指所有角色都可以使用这个变量，也叫作"全局变量"；第二个选项"仅适用于当前角色"是指只有当前角色才可以使用这个变量，其他角色不能使用，也叫作"局部变量"。绝大多数情况下，新建的都是适用于所有角色的全局变量。

图 3-28　新建变量

在 Scratch 3.0 中，每个变量都有"变量名"和"变量值"两个属性。"变量名"用于在程序中识别不同的变量。在 Scratch 3.0 中可以使用中文作为变量名，变量名应该有一定意义，最好能够简略说明变量的含义或者用途。"变量值"是指变量所储存的值，可以是数字，也可以是字符或者字符串。每个变量仅能储存一个变量值,新的变量值会替换原有变量值。在使用的时候,可以通过"变量名"访问变量并获取"变量值"。

2) 我的变量

积木名称:变量名。

积木用途:获取相应变量的值。变量新建完成后,会在积木区自动添加该变量的变量名积木。要使用变量,可以拖动相应变量名积木、组合到具体积木的数据参数框中。

积木参数:无。

提示:对于创建的变量名,可以进行修改变量名和删除变量的操作。

在积木列表区,每个变量名积木左边都有一个复选框,默认新建变量的复选框都处于选中状态,会在舞台上显示"变量显示器";默认的"变量显示器"显示的是变量名及变量的当前值。取消选中复选框时,舞台上不会显示"变量显示器"。"变量显示器"除了用复选框控制是否显示,也可以在程序运行过程中,使用以下介绍的积木控制。Scratch 3.0默认有一个"我的变量"的变量,该变量默认不在舞台上显示"变量显示器",如图 3-29 所示。

图 3-29　变量与列表

3) 将 我的变量 ▾ 设为 0

积木名称:将变量设为指定值。

积木用途:将变量的值直接设为指定数据。

积木参数:本积木有两个参数。第一个下拉列表参数用于指定变量,选项主要包括默认的"我的变量"以及其他新建的变量名称;第二个参数用于指定设置的数据。

4) 将 我的变量 ▾ 增加 1

积木名称:将变量增加指定值。

积木用途:将变量的值在原数值基础上增加指定值。

积木参数:本积木有两个参数。第一个下拉列表参数用于指定变量,选项主要包括默认的"我的变量"以及其他新建的变量;第二个参数用于指定增加值。

5) 显示变量 我的变量 ▾

积木名称:显示变量。

积木用途:在舞台上显示指定变量的"变量显示器"。

积木参数:本积木有一个下拉列表参数,用于指定变量,选项主要包括默认的"我的变量"以及其他新建的变量。

提示：在舞台上显示的"变量显示器"有三种显示样式（图3-30），可以通过双击或者右击"变量显示器"更改。①"正常显示"样式：这是默认样式，会显示变量名及变量值，方便程序编写者跟踪、观察某些变量的值在程序运行过程中是否正确；②"大字显示"样式：仅显示变量值，没有变量名，可以在程序界面中显示，让程序使用者了解变量在程序运行过程中具体的数据；③"滑竿"样式：除了显示变量名及变量值，还会显示一个滑竿，用鼠标拖动滑竿可以改变变量的值，可以在程序运行过程中让使用者动态地调整变量的值，十分有利于程序使用者的即时交互。

可以用鼠标拖动改变"变量显示器"在舞台上的位置。

图 3-30　变量显示

6)

积木名称：隐藏变量。

积木用途：隐藏舞台上指定变量的"变量显示器"。

积木参数：本积木有一个下拉列表参数，用于指定变量。选项主要包括默认的"我的变量"以及其他新建的变量。

2. 列表

1) 建立一个列表

按钮名称：建立一个列表。

按钮用途：单击这个按钮，会出现如图3-31所示的对话框，在对话框中输入需要创建列表的名称，再单击"确定"按钮关闭对话框，就会新建一个列表。与新建变量类似，新建的列表也可以指定作用范围——全局列表还是局部列表。具体含义和使用方法与变量相同。

与"变量"不同，Scratch 3.0 中的"列表"可以储存多个数据，各个数据按顺序保存在列表中。可以把列表想象为一排顺序摆放的盒子，每个盒子都可以存放一个数据。

图 3-31　"新建列表"对话框

2) 我的列表

积木名称：列表名。

积木用途：获取相应列表所有的数据。列表新建完成后，也会在积木区自动添加该列表的列表名积木。要使用列表,也是将相应列表名积木拖动组合到具体积木的数据参数框中。

积木参数:无。

提示:每个列表名积木左边也有一个复选框,默认新建列表的复选框也是处于选中状态,会在舞台上显示"列表显示器"(图 3-32 (a))。"列表显示器"最上方是列表名,用鼠标拖动可以改变列表在舞台上的位置;中间是列表当前所包含的数据,每条数据包括位置编号及具体数据内容(图 3-32 (b));下方中间显示的是列表数据长度,也就是所包含数据的个数;单击左下角的"+",可以添加数据(也可以使用后续介绍的积木添加、编辑数据);用鼠标指针指向右下角的"=",当鼠标指针变成夹子形状时拖动鼠标,可以改变列表显示区域的大小。

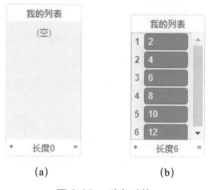

图 3-32　列表赋值

3) 积木名称:将数据加入列表。

积木用途:将数据添加到指定列表的末尾。

积木参数:本积木有两个参数。第一个参数就是需要添加到列表中的数据;第二个下拉列表参数用于指定列表,选项主要为目前所有列表的名称。

提示:与变量积木类似,与列表相关的积木中,选择列表的下拉列表菜单中都包含"修改列表名""删除列表"选项。可以通过这些选项修改列表名,删除列表;也可以用鼠标右击相应的"列表名"积木,再修改、删除列表。

4) 积木名称:删除列表指定位置数据。

积木用途:将指定列表的指定位置数据删除。

积木参数:本积木有两个参数。第一个下拉列表参数用于指定列表,选项主要为目前所有列表的名称;第二个参数用于指定位置编号。

5) 积木名称:删除列表全部数据。

积木用途:将指定列表的所有数据都删除。

积木参数:本积木有一个下拉列表参数,用于指定需要删除的列表,选项为目前所有列表的名称。

6) 　在　我的列表 ▾　的第 1 项插入 1

积木名称：在列表的指定位置插入指定数据。

积木用途：将数据插入指定列表的指定位置。

积木参数：本积木有三个参数。第一个下拉列表参数用于指定列表,选项主要为目前所有列表的名称；第二个参数指定位置编号；第三个参数就是需要插入的数据。

7) 　将　我的列表 ▾　的第 1 项替换为 1

积木名称：将列表指定位置的数据替换为指定值。

积木用途：将指定列表的指定位置数据替换为新的数据。

积木参数：本积木有三个参数。第一个下拉列表参数用于指定列表,选项主要为目前所有列表的名称；第二个参数用于指定位置编号；第三个参数就是替换的新数据。替换的内容可以是数字和字符。

8) 　我的列表 ▾　的第 1 项

积木名称：列表指定位置的数据。

积木用途：获取指定列表的指定位置数据。

积木参数：本积木有两个参数。第一个下拉列表参数用于指定列表,选项主要为目前所有列表的名称；第二个参数用于指定位置编号。

9) 　我的列表 ▾　中第一个 东西 的编号

积木名称：列表指定数据的位置编号。

积木用途：获取指定列表的指定数据在列表中存储的位置编号。当指定数据在列表多处有相同的值时,则返回第一个位置编号。

积木参数：本积木有两个参数。第一个下拉列表参数用于指定列表,选项主要为目前所有列表的名称；第二个参数用于指定数据。

10) 　我的列表 ▾　的项目数

积木名称：列表的项目数。

积木用途：获取指定列表的项目数,也就是列表的数据个数。

积木参数：本积木有一个下拉列表参数,用于指定需要获取数据项目数的列表,选项主要为目前所有列表的名称。

11) 　我的列表 ▾　包含 东西 ?

积木名称：列表是否包含指定数据。

积木用途：求布尔值。如果在指定列表中包含指定的数据,那么返回值为 true；否则为 false。

积木参数：本积木有两个参数。第一个下拉列表参数用于指定列表,选项主要为目前所有列表的名称；第二个参数用于指定数据。

12) 　显示列表 我的列表 ▾

积木名称：显示列表。

积木用途：在舞台上显示指定列表的"列表显示器"。

积木参数：本积木有一个下拉列表参数，用于指定列表，选项主要为目前所有列表的名称。

13) 隐藏列表 我的列表 ▼

积木名称：隐藏列表。

积木用途：隐藏舞台上的指定列表的"列表显示器"。

积木参数：本积木有一个下拉列表参数，用于指定列表，选项主要为目前所有列表的名称。

第九节 自定义模块

Scratch 3.0 中的自定义模块，类似于其他编程语言中的自定义函数。也就是将程序中重复出现的若干个连续积木组合搭建在新积木的下方，当需要重复使用这些积木时，直接用新制作的积木代替原来的那些积木，从而提高程序编写效率。

1. 自定义积木

制作新的积木

积木名称：制作新的积木。

积木用途：单击这个积木按钮，会出现如图 3-33 所示的对话框，在对话框的上方输入需要创建的新积木名称，再单击"确定"按钮关闭对话框，就会新建一个积木。

图 3-33 "制作新的积木"对话框

在制作新的积木中，可以在积木中添加数字、文本、布尔值等"输入项"（即形式参数），也可以添加注释这些说明性质的"文本标签"，如图 3-34 所示。

定义 我的自定义积木 变量1 布尔变量1 这是自定义的一个积木

图 3-34 自定义积木

在图 3-34 中自定义了一个"我的自定义积木"，有一个变量名为"变量 1"（可以是数字，也可以是文本），一个布尔变量名为"布尔变量 1"。对这个自定义积木的说明是"这是自定义的一个积木"。

如何制作自定义积木呢？

自定义积木具体可以按以下步骤操作。

第一步　单击"变量"类别中的　制作新的积木　积木，删除对话框上方的"积木名称"文本，重新输入"正方形"。

第二步　单击对话框左下方的"添加输入项——数字或文本"区域的红色图标，会自动在上方显示的新积木中添加一个椭圆形"数字或文本"输入框。

第三步　修改新积木输入框中的变量名称为"边长"。

第四步　单击对话框右下角的"完成"按钮，完成这个新积木的制作，如图 3-35 所示。

图 3-35 新建积木案例

2. 使用积木

当积木创建好后，就可以进行编程了。在新建积木时，如果添加了数字、文本或者布尔值输入项，那么可以用鼠标拖动定义积木中的这些输入项名称，再组合到下方需要引用这些输入项的具体积木参数位置上，如图 3-36 所示。

完成了自定义积木的操作,就可以在自定义积木中调用定义好的"正方形"积木了,如图 3-37 所示。

在"正方形"后输入数字 50,单击 🏳 运行程序,效果如图 3-38 所示。

图 3-36 自定义"正方形"积木

图 3-37 调用自定义的"正方形"积木

图 3-38 边长为 50 的正方形

整个程序如图 3-39 所示。

图 3-39 自定义积木"正方形"

自定义积木的好处是,可以根据自己的需要传入参数,然后就可以画出大小不同的正方形。

第十节 添加扩展模块

添加扩展模块用于增强 Scratch 3.0 在多媒体、网络、智能硬件等方面的功能。这类积木相当于其他编程语言中的扩展函数,使用之前需要添加。其中,音乐、画笔、视频侦测这三种由 Scratch 官方开发,文字朗读由 Amazon Web Services 负责,翻译由 google 负责等。使用时直接选取即可。比如,画笔的操作方法如图 3-40 所示。

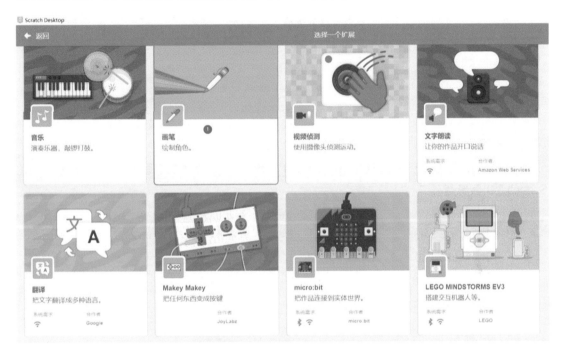

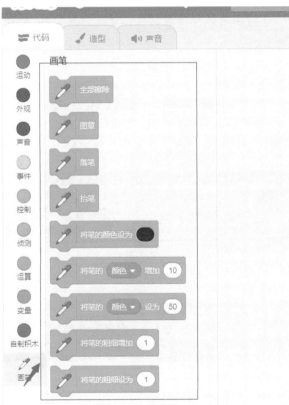

图 3-40　画笔扩展

第四章　我 能 画 画

知识导读：

　　本章主要通过几个案例说明 Scratch 3.0 在绘图方面的功能，通过案例教会读者通过 Scratch 3.0 画图创作。

学习目标：

- 了解 Scratch 3.0 画笔积木块的使用。
- 掌握变量在画笔中的作用。
- 掌握如何利用数学公式完成绘图。

能力目标：

　　熟练使用 Scratch 3.0 的画笔进行绘图创作。通过画笔工具，借助数学公式创作不同的图形。

第一节　再认识画笔

　　在 Scratch 3.0 中，画笔功能是从"添加拓展"中获得的，如图 4-1 所示。

图 4-1　画笔扩展

选择"画笔",再单击"返回"按钮,如图4-2所示,结果如图4-3所示。

图 4-2　画笔

图 4-3　画笔命令

在画笔功能区中有9组工具可以使用,分别说明如下。

1)

积木名称:全部擦除。

积木用途:删除舞台上的画画。

积木参数：无。

2)

积木名称：图章。

积木用途：复制角色。

积木参数：无。

3)

积木名称：落笔。

积木用途：用于画画。

积木参数：无。

4)

积木名称：抬笔。

积木用途：只抬笔,不画画。

积木参数：无。

5)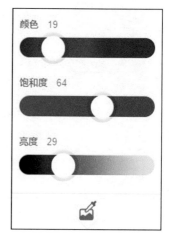

图 4-4　设置颜色、饱和度和亮度

积木名称：将笔的颜色设为指定值。

积木用途：将笔的颜色设置为自己想要的颜色。另外,可以设置饱和度、亮度,也可以用取色工具选取颜色,如图 4-4 所示。

积木参数：无。

6)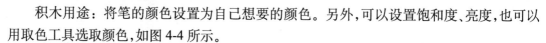

积木名称：将笔的颜色（饱和度、亮度、透明度）增加指定值。

积木用途：增加笔的颜色（饱和度、亮度、透明度）。

积木参数：为颜色、饱和度、亮度、透明度之一增加一个数值。

7)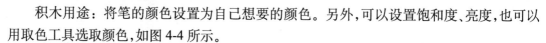

积木名称：将笔的颜色（饱和度、亮度、透明度）设为指定值。

积木用途：将笔的颜色（饱和度、亮度、透明度）设置为某个值。

积木参数：将颜色、饱和度、亮度、透明度之一设置为一个数值。

8)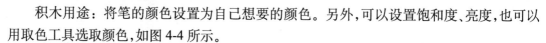

积木名称：将笔的粗细设为指定值。

积木用途：将笔的粗细设置为某个值。

积木参数：将笔的粗细设置为一个数值。

9)

积木名称：将笔的粗细增加指定值。

积木用途：将笔的粗细增加指定值。

积木参数：将笔的粗细增加一个数值。

> 大千世界是由不同颜色的图案组成的,让我们用画笔来创作吧!

第二节　神奇变幻的线条

1. 积木

画笔、运算、循环。

2. 思路

设置画笔的颜色和粗细后,在运算中选择随机数,让颜色和粗细进行变化,从而产生神奇变幻的线条。

3. 效果

效果如图 4-5 所示。

图 4-5　效果图

4. 步骤

第一步　创建角色（图 4-6），移动到某一点处，如（–31，0），然后隐藏（图 4-7）。

第二步　设置画笔属性（图 4-8）。

第三步　循环 200 次，对笔的粗细、颜色利用"运算"的随机数进行设置。

图 4-6　创建角色

图 4-7　隐藏角色

图 4-8　设置画笔属性

整体程序如图 4-9 所示。

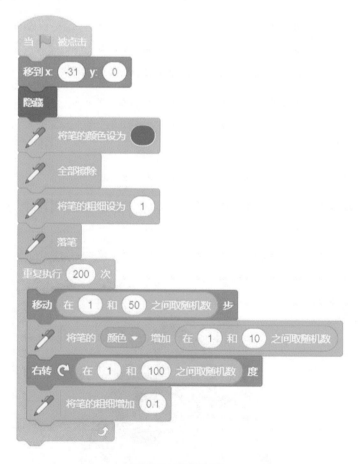

图 4-9　整体程序

提示：由于用了随机数，每次运行的效果可能不一样。

第三节　神 奇 画 笔

1. 积木

画笔、运算、侦测、循环。

2. 思路

设置画笔的颜色,按下鼠标画画,释放鼠标停止画画。制作三个角色:"蓝色""红色""擦除"。选择某种颜色后,画图就用哪种颜色。单击"擦除"按钮后,清除当前所创作的图画。

3. 效果

效果如图 4-10 所示。

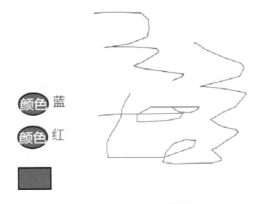

图 4-10　应用画笔效果图

4. 步骤

第一步　创建角色。再制作三个按钮,分别命名为"擦除""红色"和"蓝色",如图 4-11 所示。

图 4-11　创建角色并制作按钮

第二步　对角色 1 积木编程,如图 4-12 所示。

第三步　对"擦除"按钮编程,如图 4-13 所示。

第四步　对"红色"按钮编程,如图 4-14 所示。

第五步　对"蓝色"按钮编程,如图 4-15 所示。

第六步　给"角色 1"添加"当接收到消息"的程序,如图 4-16 所示。

图 4-12　对角色 1 积木编程

图 4-13　对"擦除"按钮编程

图 4-14　对"红色"按钮编程

图 4-15　对"蓝色"按钮编程

图 4-16　给"角色 1"
添加程序

第四节　重复图案创意秀

谢尔宾斯基三角形是一种分形,由波兰数学家谢尔宾斯基在 1915 年提出,它是一种典型的自相似集。也有的资料将其称为谢尔宾斯基坟垛,如图 4-17 所示。

图 4-17　谢尔宾斯基三角形

1. 积木

画笔、运算、自制积木、循环。

2. 思路

设置画笔的颜色,然后调用自制积木。其生成过程如下。

第一步　取一个实心的三角形(多数使用等边三角形)。

第二步　沿三边中点的连线,将三角形分成四个小三角形。

第三步　去掉中间的那一个小三角形。

第四步　对其余三个实心小三角形重复第一步至第三步。后面的操作依此类推。

3. 效果

效果如图 4-18 所示。

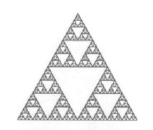

图 4-18　效果图

4. 步骤

第一步　创建自定义积木,命名为"三角形",参数为"边长",如图 4-19 所示。
第二步　对创建的角色编程,如图 4-20 所示。

图 4-19　创建自定义积木

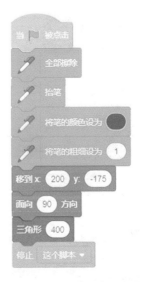

图 4-20　对创建的角色编程

运行后就会得到需要的效果。

 思考题:

(1) 设置不同的边长值,观察图形的变化情况。

(2) 如何改变为不同的颜色?

第五节　画一朵花

1. 积木

画笔、运算、运动和循环。

2. 思路

设置画笔的颜色,根据角度画花。

3. 效果

本节主要画一朵花。花由花瓣组成,效果如图 4-21 所示。

图 4-21　花

4. 步骤

第一步　自定义积木"花",参数为边长和角度,如图 4-22 所示。

第二步　创建角色 pencil,然后对角色进行编程,如图 4-23 和图 4-24 所示。

第三步　画有 6 个花瓣的花,运行程序。此时只需要把自定义积木"花"重复执行 6 次即可。

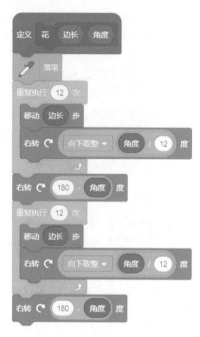

图 4-22　自定义积木"花"

图 4-23　创建角色 pencil

图 4-24　对 pencil 角色编程

整体程序如图 4-25 所示。

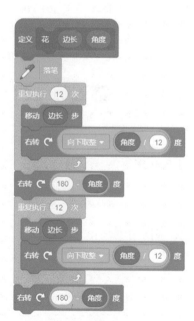

图 4-25　花的程序

在以上程序中,①和②处的角度之和为 360°。

思考题：*如何画实心花？*

第六节 我的中国心

心形图案在生活中有着广泛的应用,本节讲述如何画一个心形。

1. 积木

坐标、画笔、运算、运动和循环。

2. 思路

首先在背景中添加 xy-grid。然后画心形的两条弧,根据坐标画下面一个角。设置画笔的颜色,根据角度画出心形。

3. 效果

效果如图 4-26 所示。

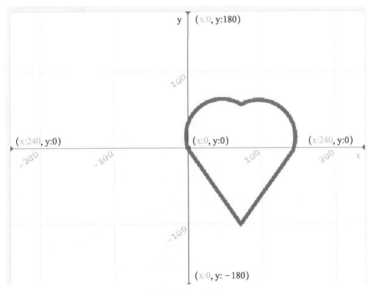

图 4-26 心形

4. 步骤

第一步 自定义积木"心",参数为边长和角度,如图 4-27 所示。
第二步 创建角色,然后对角色进行编程,如图 4-28 和图 4-29 所示。
实现心形的总程序如图 4-30 所示。

 思考题：*如何把心形填充为红色？*

图 4-27　自定义积木"心"

图 4-28　创建"角色 1"

图 4-29　对"角色 1"编程

图 4-30　心形的程序

第七节　玫 瑰 曲 线

玫瑰线的说法源于欧洲航海地图。在中世纪的航海地图上并没有经纬线,有的只是一些从中心有序地向外辐射的互相交叉的直线方向线,此线也称罗盘线。希腊神话里的各路风神被精心描绘在这些线上,作为方向的记号。葡萄牙水手则称他们的罗盘盘面为风的玫瑰。水手们根据太阳的位置估计风向,再与"风玫瑰"对比找出航向。玫瑰曲线即表示指引方向的线。

1. 积木

画笔、运算、运动和循环、坐标、数学函数。

2. 思路

设置画笔的颜色,根据角度和下面的公式画玫瑰曲线。

此曲线的直角坐标系下的参数方程如下:

$$\begin{cases} x = \cos t \cdot a \sin nt \\ y = \sin t \cdot a \sin nt \end{cases} \tag{4-1}$$

式中,参数 a 是一个常量,用来控制图形的大小;参数 t 为角度;参数 n 控制花瓣的数量。$\sin t$ 和 $\cos t$ 分别是正弦和余弦函数,在"运算"模块中可以找到。

实现过程:用积木把变量 t 开始不断地增加,通过式 4-1 求得 x 和 y。用画笔在舞台上画出各个点,最终得到一条玫瑰曲线。

当 $n=5$,$a=150$ 时,在 360° 范围内画一个玫瑰曲线。

3. 效果

效果如图 4-31 所示。

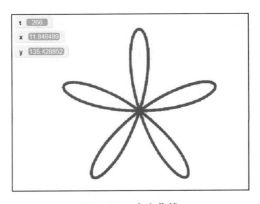

图 4-31　玫瑰曲线

4. 步骤

第一步　自定义积木"玫瑰曲线",参数为 a 和 b,如图 4-32 所示。
第二步　创建"角色 1",然后对角色进行编程,如图 4-33 所示。

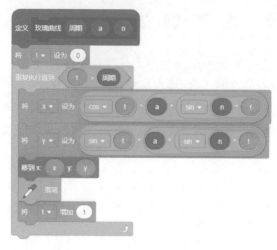

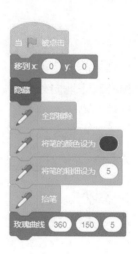

图 4-32 自定义积木"玫瑰曲线"　　　　　图 4-33 对"角色 1"编程

在这一步中主要实现了玫瑰曲线的公式,并通过公式画出了玫瑰曲线。

运行程序后,得到最终的玫瑰曲线。

思考:取不同的参数,看一下会是什么效果。

第八节　蝴 蝶 曲 线

蝴蝶曲线是美国南密西西比大学坎普尔·费伊(Temple H.Fay)发现的可用极坐标函数表示的蝴蝶形曲线,主要应用于数学及个人计算机领域。它宛如一只翩翩起舞的蝴蝶,它的方程如下:

$$\begin{cases} x=a\sin t \cdot \left[e^{\cos t} - 2\cos 4t + \left(\sin \dfrac{t}{12} \right)^5 \right] \\ y=b\cos t \cdot \left[e^{\cos t} - 2\cos 4t + \left(\sin \dfrac{t}{12} \right)^5 \right] \end{cases} \tag{4-2}$$

式中,参数 a 控制图形的宽度,参数 b 控制图形的高度,参数 t 是角度。

1. 积木

画笔、运算、运动和控制。

2．思路

根据式 4-2,积木对变量 t 从 0 值开始不断地增加,再通过式(4-2)求得 x 和 y。用画笔在舞台上画出各个点,最终得到一条蝴蝶曲线。

3．效果

效果如图 4-34 所示。

4．步骤

第一步　创建角色和相应的变量,如图 4-35 所示。

图 4-34　蝴蝶曲线

图 4-35　创建角色和变量

第二步　自定义积木"蝴蝶曲线",参数为"周期",如图 4-36 所示。根据式(4-2)对角色进行编程。

第三步　输入 $a=40$,$b=40$,周期为 20,如图 4-37 所示。

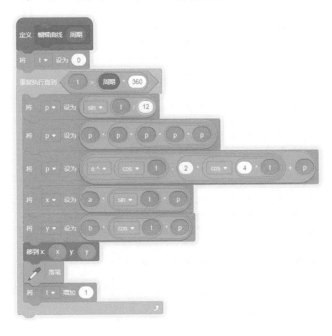

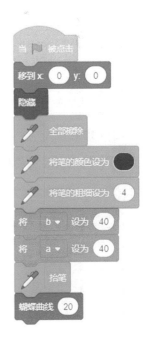

图 4-36　自定义积木"蝴蝶曲线"

图 4-37　设置变量值

运行程序,得到最终效果。

思考：在绘制蝴蝶曲线时，每个周期用不同的颜色或者画笔大小，就可以绘制出色彩不同的蝴蝶曲线。有兴趣的读者可以尝试一下。

第九节 外 摆 线

摆线又称旋轮线、圆滚线。在数学中，摆线被定义为：一个圆沿一条直线运动时，圆边界上一定点所形成的轨迹。

当半径为 b 的"动圆"沿着半径为 a 的"定圆"的外侧无滑动地滚动时，动圆圆周上的一定点 p 所描绘的点的轨迹，就叫作外摆线。

在以定圆中心为原点的直角坐标系中，其方程为

$$\begin{cases} x=(a+b)\cos t - b\cos\left[(a+b)\dfrac{t}{b}\right] \\ y=(a+b)\sin t - b\sin\left[(a+b)\dfrac{t}{b}\right] \end{cases} \qquad (4\text{-}3)$$

式中，参数 a 为定圆的半径；参数 b 是动圆的半径；参数 t 为角度。

1. 积木

画笔、运算、运动、控制。

2. 思路

设置画笔的颜色，根据式（4-3），当变量 t 从 0 开始不断地增加时，求得 x 和 y，再用画笔在舞台上画出各个点，最终得到一条外摆线。

3. 效果

效果如图 4-38 所示。

4. 步骤

第一步　创建角色和式（4-3）中所涉及的变量，如图 4-39 所示。

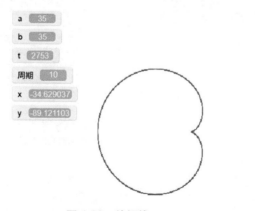

图 4-38　外摆线

图 4-39　创建角色和变量

第二步　自定义积木"外摆线",参数为"周期"、*a* 和 *b*,如图 4-40 所示。

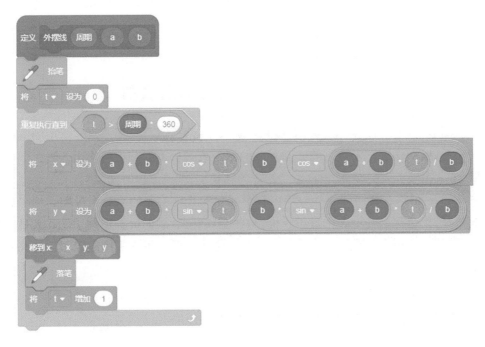

图 4-40　自定义积木"外摆线"

第三步　把参数 *a*、*b* 和"周期"分别设为 35、35、10,如图 4-41 所示。运行程序,得到最终效果。

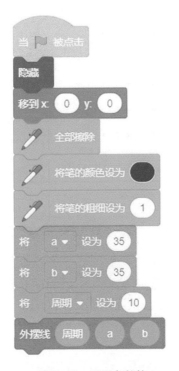

图 4-41　设置参数值

思考：在绘制外摆线时，改变不同的参数，看一下效果。有兴趣的读者可以尝试一下。

第十节　绘制阴阳太极图

太极图起源于人类利用圭表（图 4-42）对太阳日影的观测，圭表直立于平地上测日影的标杆和石柱，叫作表；正南正北方向平放的测定表影长度的刻板叫作圭。当太阳照着表的时候，圭上出现了表的影子，根据影子的方向和长度，就能读出时间。

图 4-43 是根据在北回归线处一年内日影变化的长度绘制的原始太极图。从中心点即圆心做半径，黑色部分长度表示日影长度，从冬至点开始，顺时针共绘制了 365 天日影长。远古时代，我们的祖先就是据此来确定节气的。也因此诞生了太极图的雏形。在此基础上产生了阴阳观念，并逐渐演化出八卦和五行。

本节主要通过程序来实现太极图的画法。

图 4-42　圭表

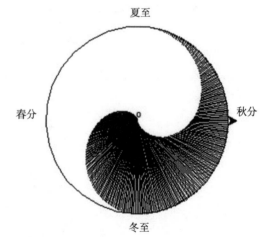

图 4-43　太极图

1. 积木

画笔、运算、运动和控制。

2. 思路

设置画笔的颜色。先绘制大圆，大圆由一个白的半圆和一个黑的半圆组成；接下来绘制一个黑的半中圆（上面）和一个白的半中圆（下面的半个）；最后绘制一个小的黑圆（由 2 个黑的半圆组成）和一个小的白圆（由 2 个白的半圆组成）。所以经过分解后，就是如何画出这些黑的半圆和白的半圆。

由于 Scratch 3.0 没有填充语句（积木），这给绘制实心图案带来了麻烦，但还可以通过技巧来绘制有规则的实心图形,比如绘制实心长方形、实心圆或半圆、实心五角星、实心正多边形等。这里主要讲解如何绘制实心半圆,其他的图形可以参考这种方法绘制。

绘制实心圆有多种方式,我们这里采用圆的定义来绘制,即用绘制点到圆心的距离等于半径的方法来绘制,方法如下。

(1)移到圆心。

(2)抬笔移动半径的距离,落笔画一个点并马上抬笔。

(3)再回到圆心(后退半径的距离)。

(4)旋转 1°。

(5)循环 360 次可以画出整个圆;画半圆就是循环 180 次。

这是绘制圆形的方式。如果在移动半径的距离时不抬笔,而是绘制出这条半径,则就绘制出实心圆了。

3. 效果

效果如图 4-44 所示。

图 4-44 阴阳太极图

4. 步骤

第一步 自定义积木"太极图",参数为圆心 (x,y)、半径和颜色,如图 4-45 所示。

第二步 创建角色。

第三步 创建主程序,设置大圆半径为 150,小圆半径为 75,以 $(0,0)$ 为圆心,当在绘图区域单击后开始画图,如图 4-46 所示。

思考: 在绘制阴阳太极图时,改变不同的参数,看一下效果。有兴趣的读者可以尝试一下。

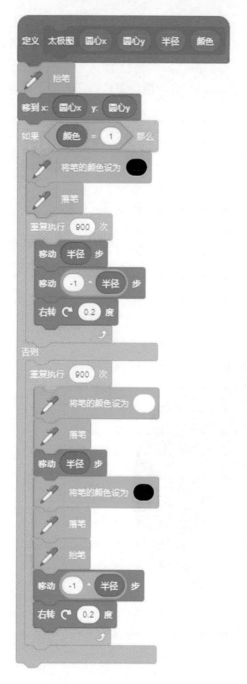

图 4-45 自定义积木"太极图"

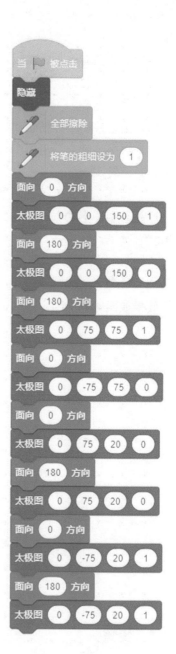

图 4-46 创建主程序

第五章　多彩的数学世界

📝 知识导读：

　　数学与编程密不可分。本章为读者呈现涉及小学到初中的数学问题,并以程序的形式解决。

🖱 学习目标：

- 了解运算积木块的用法。
- 掌握数学问题的程序解决方法。
- 熟练掌握循环、判断、变量等知识点,并能综合运用它们解决数学问题。

📷 能力目标：

　　熟练使用 Scratch 3.0 解决数学问题,如求最大公因数,最小公倍数、数字黑洞、计算圆周率,以及进行逻辑推理,由此可以学会解决类似的数学问题。

第一节　最大公因数

　　最大公因数也称最大公约数、最大公因子,是指两个或多个整数共有约数中最大的一个。

　　例如,求 12 和 9 的最大公因数,先求出 12 的因数,有 1、2、3、4、6、12。9 的因数有 1、3、9,则它们的公因数为 1、3,最大公因数为 3。

a、b 的最大公约数记为 (a，b)，同样的，a、b、c 的最大公约数记为 (a，b，c)，多个整数的最大公约数也有同样的记法。

求最大公约数有多种方法，常见的有质因数分解法、短除法、辗转相除法、更相减损法。这里只讲解辗转相除法和更相减损法的实现方法。对其他方法有兴趣的读者可以查阅相关资料。

1. 辗转相除法

辗转相除法是求两个自然数中最大的一个公约数的一种方法，这种方法也叫欧几里得算法。具体做法是：用较小的数去除较大数，再用出现的第一个余数去除除数；然后用第二个余数去除第一个余数。如此反复，直到余数为 0。最后的除数为两个数的最大公约数。

例如，求 (319，377) 的算法如下：

因为 319÷377=0……319，所以 (319，377) = (377，319)；

因为 377÷319=1……58，所以 (377，319) = (319，58)；

因为 319÷58=5……29，所以 (319，58) = (58，29)；

因为 58÷29=2……0，所以 (58，29) = 29；

所以 (319，377) =29。

下面用积木实现上面的算法。

1）积木

变量、控制、运算。

2）思路

利用上面的例子，对输入的两个数，一个数当被除数，一个数当除数，求得余数。如果余数不为零，就用除数作为被除数，余数作为除数。重复这个过程，一直到余数为零停止，最后的除数就是这两个数的最大公因数。

3）步骤

第一步 自定义积木"最大公因数"，参数为输入的两个数，如图 5-1 所示。

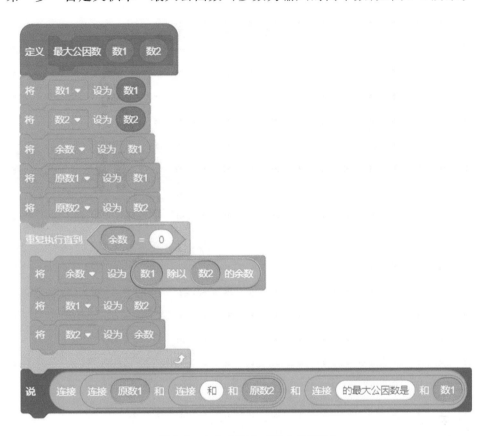

图 5-1 自定义积木"最大公因数"

第二步 输入两个数 60 和 13，如图 5-2 所示。再运行主程序，结果是 1，如图 5-3 所示。

图 5-2 输入两个数　　　　　　　　图 5-3 输入数字，获得结果

2. 更相减损法

更相减损法也叫更相减损术，是出自《九章算术》的一种求最大公约数的算法。它原本是为约分而设计的，但它适用于任何准备求最大公约数的场合。

《九章算术》是中国古代的数学专著,其中的"更相减损术"可以用来求两个数的最大公约数,内容如下:"可半者半之,不可半者,副置分母、子之数,以少减多,更相减损,求其等也。以等数约之。"

其中所说的"等数"就是最大公约数。求"等数"的办法是更相减损法,所以该法也叫等值算法。

我们利用一个例子来说明更相减损法的用法。

例 1:对 98 与 63 求最大公约数。

解:由于 63 不是偶数,把 98 和 63 以大数减小数,并辗转相减:

$$98-63=35$$
$$63-35=28$$
$$35-28=7$$
$$28-7=21$$
$$21-7=14$$
$$14-7=7$$

所以,98 和 63 的最大公约数等于 7。

这个过程可以简单地写为

$(98, 63) = (35, 63) = (35, 28) = (7, 28) = (7, 21) = (7, 14) = (7, 7) = 7$

例 2:用更相减损术求 260 和 104 的最大公约数。

解:由于 260 和 104 均为偶数,首先用 2 去除它们得到 130 和 52,再用 2 去除它们得到 65 和 26。

此时 65 是奇数而 26 不是奇数,故把 65 和 26 辗转相减:

$$65-26=39$$
$$39-26=13$$
$$26-13=13$$

所以,260 与 104 的最大公约数,等于 13 乘以第一步中约掉的两个 2,即 $13×2×2=52$。

这个过程可以简单地写为

$(260, 104) (/2/2) \rightarrow (65, 26) = (39, 26) = (13, 26) = (13, 13) = 13*2*2 \rightarrow 52$

下面用积木方法实现例 2。

1）积木

变量、控制和运算。

2）思路

第一步　任意给定两个正整数；判断它们是否都是偶数，若是，则用 2 约简；若不是，则执行第二步。

第二步　以较大的数减较小的数，接着把所得的差与较小的数比较，并以大数减小数。继续这个操作，直到所得的减数和差相等为止。

则第一步中约掉的若干个 2 与第二步中等数的乘积就是所求的最大公约数。

3）步骤

第一步　自定义积木"更相减损法"，参数为输入的两个数，分别代表要求的两个数的最大公因数，如图 5-4 所示。

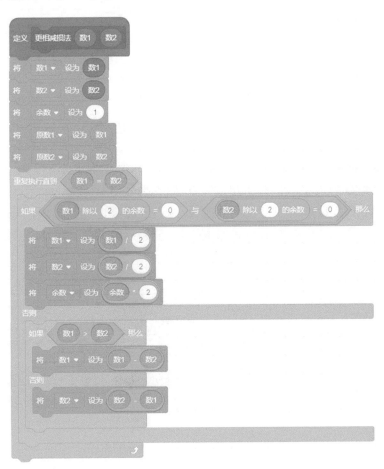

图 5-4　自定义积木"更相减损法"

第二步　输入两个数 4 和 8,如图 5-5 所示。再运行程序,求得最大公因数是 4,如图 5-6 所示。

图 5-5　输入 4 和 8

图 5-6　求出最大公因数是 4

思考:如果求 3 个及以上整数的最大公因数,该如何实现呢?

第二节　最小公倍数

两个或多个整数公有的倍数叫作它们的公倍数,其中 0 以外最小的一个公倍数就叫作这几个整数的最小公倍数。整数 a、b 的最小公倍数记为 $[a, b]$。同样的,a、b、c 的最小公倍数记为 $[a, b, c]$。多个整数的最小公倍数也有类似的记号。

例如,对于 15 和 24 来说,最大的数是 24。分别对其乘 1、2、3、…,结果如图 5-7 所示。

24×1	24×2	24×3	24×4	24×5
与 15 的余数				
不为 0	不为 0	不为 0	不为 0	为 0

图 5-7　15 与 24 的最小公倍数

故 15 与 24 的最小公倍数为 120。

我们分别用两种方法实现求最小公倍数的算法。

方法 1:利用定理。

我们将 a、b 的最大公约数记为 (a, b)。

关于最小公倍数与最大公约数,我们有这样的定理:
$$(a,b) \times [a,b] = a \times b$$
式中,a、b 均为整数。

方法 2:取倍数法。

取两个数中的最大数,然后对这个大数分别从 1 乘起,再利用小数去除,如果能整除,就停止,这个数就是这两个数的最小公倍数。

1. 利用 $(a,b) \times [a,b] = a \times b$

在第一节中我们已经求出了两个数的最大公因数,利用公式进行求解。

1) 积木

变量、控制和运算。

2) 思路

利用定理:$(a,b) \times [a,b] = a \times b$。

3) 步骤

第一步　自定义积木"最小公倍数",有两个参数为数 1 和数 2,如图 5-8 所示。

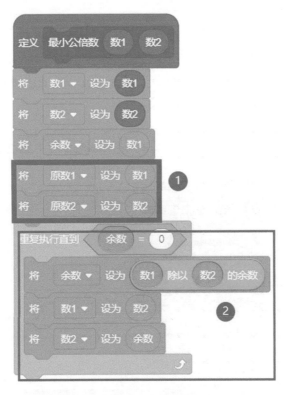

图 5-8　自定义积木"最小公倍数"(1)

在上面的程序中,①是把原来两个数保存下来,用于公式;②是求这两个数的最大公因数。

第二步　输入 4 和 8,如图 5-9 所示。再调用主程序,求得结果为 8,如图 5-10 所示。

图 5-9　求 4 和 8 的最小公倍数

图 5-10　求最小公倍数的运行结果

2. 取倍数法

1）积木

变量、控制和运算。

2）思路

取两个数中最大的数,对这个大数分别从 1 乘起,利用小数去除,如果整除,就停止,这个数就是这两个数的最小公倍数。

3）步骤

第一步　自定义积木"最小公倍数",有两个参数为数 1 和数 2,如图 5-11 所示。

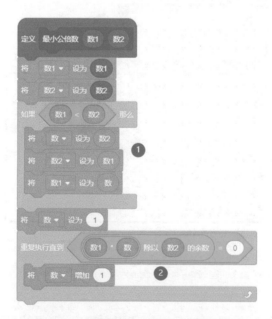

图 5-11　自定义积木"最小公倍数"(2)

第五章 多彩的数学世界

在上面的程序中，一是求输入的两个数中最大的数；二是对最大的数进行倍乘，判断是否能被最小的数整除，如果可以整除,则这个最大数的倍数就是这两个数的最小公倍数。

第二步 输入 50 和 15,如图 5-12 所示。单击 ▶,运行程序,结果是 150,如图 5-13 所示。

图 5-12 求 50 和 15 的最小公倍数

图 5-13 求 50 和 15 的最小公倍数的运行结果

思考：如果求三个及以上整数的最小公倍数,如何实现呢？

第三节 数 字 黑 洞

数字黑洞也称为数学黑洞,就是一般某个数按照某个规则出发,反复迭代后,结果必然落入一个点或若干点,再也跳不出去了,就像宇宙中的黑洞（图 5-14）可以将任何物质以及运行速度最快的光牢牢吸住,使它们无法逃脱一样。这就对密码的设置及破解开辟了一条新的思路。

数字黑洞中一个最重要的问题就是 123 数学黑洞,即西西弗斯串。其规则就是设定任意一个数字串,数出这个数中的偶数个数和奇数个数,以及这个数中所包含的所有位数的总数,然后按"偶—奇—总"的位序,排列后得到新数。经过多次这样的变换后,最终的数字为 123。

图 5-14 黑洞

81

例如,对于数 123456789123:

(1) 数出该数数字中的偶数个数,在本例中为 2、4、6、8、2,总共有 5 个。

(2) 数出该数数字中的奇数个数,在本例中为 1、3、5、7、9、1、3,总共有 7 个。

(3) 数出该数数字的总个数,本例中为 12 个。

(4) 将答案按"偶—奇—总"的位序,排列后得到的新数为 5712。

(5) 将新数 5712 按以上算法重复运算,可得到新数 134。

(6) 将新数 134 按以上算法重复运算,可得到新数 123。

结论:对于数 123456789123,按上述算法,最后必得出 123 的结果。我们可以用计算机写出程序,测试出对任意一个数经有限次重复后都会是 123。换言之,任何数的最终结果都无法逃逸 123 黑洞。

1. 积木

变量、控制和运算。

2. 思路

参考上例的算法。

3. 步骤

第一步　创建变量,如图 5-15 所示。然后列表记录计算过程,如图 5-16 所示。

图 5-15　创建变量　　　　　图 5-16　建立列表

第二步　自定义积木"黑洞 123",参数为自然数,如图 5-17 所示。

第三步　运行主程序,输入 456124,结果为 123,如图 5-18 所示。

可以看到经过 4 次运算后,数字变为 123 了。

其他的数字黑洞,如四位数黑洞 6174,把一个四位数的四个数字由小至大排列组成一个新数,又由大到小排列组成一个新数,这两个数相减。之后重复这个步骤,只要四位数的四个数字不重复,数字最终便会变成 6174。

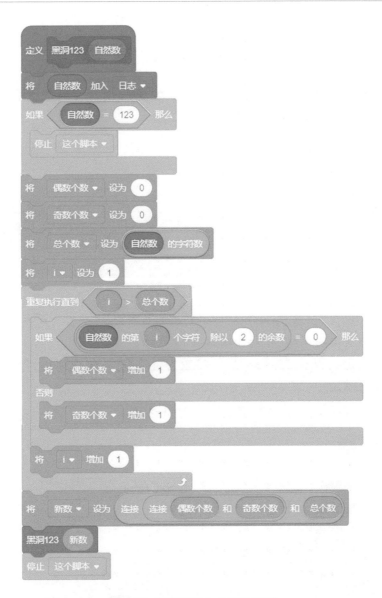

图 5-17　自定义积木"黑洞 123"

图 5-18　运行程序前及运行结果

第四节　冰 雹 猜 想

冰雹猜想的数字是一个自然数 x，依照一定的规律，如果是奇数就乘以 3 再加 1，如果是偶数就除以 2。这样经过若干次，最终回到 1。

比如：输入 28，经过 19 次变换后成为 1。

1. 积木

变量、控制和运算。

2. 思路

输入一个自然数 x，依照以上规律，最终回到 1。

3. 步骤

第一步　创建角色、变量和列表如图 5-19 所示。

图 5-19　创建角色、变量和列表

第二步　自定义积木"冰雹猜想"，参数为自然数，按生成冰雹猜想的规律进行编程，如图 5-20 所示。

第三步　运行程序，输入 28，结果如图 5-21 所示。

图 5-20　自定义积木"冰雹猜想"

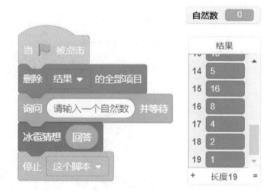

图 5-21　运行"冰雹猜想"程序

经过 19 次运算后，发现结果变为 1。

 有兴趣的读者可以自行在网络上查寻相关内容。

第五节　回　文　数

"回文"是指正读及反读都能读通的句子,它是古今中外都有的一种修辞方式和文字游戏,如"我为人人,人人为我"等。

在数学中也有一类数字有这样的特征,称为回文数,如 12321,2332。

如何生成一个回文数呢?生成回文数的一种方法为:把这个数字与自己的翻转数相加,如果不是回文数,就再进行这个过程,一直到回文数。

如 34:34+43=77。 再如 98:98+89=187,187+781=968,968+869=1837,1837+7381=9218,9218+8129=17347,17347+74371=91718,91718+81719=173437,173437+734371=907808……要经过 88 次变换后,才会成为回文数。

1. 积木

变量、控制和运算。

2. 思路

把这个数与自己的翻转数相加,如果不是回文数,就再进行这个过程,一直到出现回文数。

3. 步骤

第一步　创建角色、变量和存储结果的列表如图 5-22 所示。
第二步　自定义积木"回文数",参数为自然数,如图 5-23 所示。

图 5-22　创建角色、变量和
存储结果的列表

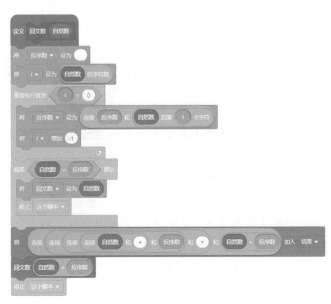

图 5-23　自定义积木"回文数"

第三步　运行程序,输入 89,经过 24 次变换后,得出的数字就是回文数,如图 5-24 所示。

图 5-24　"回文数"程序的运行结果

提示:200 以内的数字中,绝大多数都可以在 30 次以内变成回文数,只有一个数字很特殊,就算迭代了 1000 次,它还是顽固地拒绝回文!可以试一下找找是哪个数。

当然,还有其他的回文数,如平方回文数。

首先是一个回文数,同时还是某一个数的平方,这样的数字叫作平方回文数。例如 121。100 ～ 1000 的平方回文数只有 3 个,分别是 121、484、676。其中,121 是 11 的平方;484 是 22 的平方,同时还是 121 的 4 倍;676 是 26 的平方,同时还是 169 的 4 倍。

四位的回文数有一个特点,就是它绝不会是一个质数。设它为 $abba$,那么它等于 $a \times 1000+b \times 100+b \times 10+a$,$1001a+110b$,能被 11 整除。

 有兴趣的读者可以自己实现一下。

第六节　圆　周　率

圆周率是圆的周长与直径的比值,一般用希腊字母 π 表示,是一个在数学及物理学中普遍存在的数学常数。π 也等于圆形之面积与半径平方之比,是精确计算圆周长、圆面积、球体积等几何形状的关键值。

圆周率用希腊字母 π(读作 pài)表示,是一个常数(约等于 3.141592653),是代表圆周长和直径的比值。它是一个无理数,即无限不循环小数。在日常生活中,通常都用 3.14 代表圆周率进行近似计算。而用十位小数 3.141592653 便足以应付一般计算。即使是工程师或物理学家要进行较精密的计算,也只需取值至小数点后几百位。

实现求 π 值的方法很多,其中最重要的方法是割圆术之周长法和蒙特卡罗方法。本节重点讲解这两种方法的实现途径。

π在求圆的周长、面积等方面很重要，知道是什么原因吗？

实现求π值的方法很多，其中最重要的方法是割圆术之周长法和蒙特卡罗方法。

1. 割圆术之周长法

所谓"割圆术"，是用圆内接正多边形的面积去无限逼近圆面积并以此求取圆周率的方法。

"圆，一中同长也。"意思是说：圆只有一个中心，圆周上每一点到中心的距离相等。早在我国先秦时期，《墨经》中就已经给出了圆的定义。而公元前 11 世纪，我国西周时期数学家商高也曾与周公讨论过圆与方的关系。人们认识了圆，也就开始了有关圆的种种计算，特别是计算圆的面积。

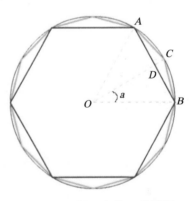

1）积木

变量、控制和运算。

2）思路

把一个圆等分为 n 份，得到一个正 n 边形，那么圆心角 a 对应的弦长，就等于正 n 边形的边长 d；而多边形的周长则等于 n 乘以边长的积；然后再用圆的周长公式计算圆周率 π，如图 5-25 所示。

图 5-25　割圆术求 π 的思想

在编程过程中用到的公式如下。

圆心角：　　　　　　　　　$a=\dfrac{360°}{n}$

弦长：　　　　　　　　　$\overline{AB}=2\cdot r\cdot\sin\dfrac{a}{2}$

正 n 边形的周长：　　　　$C=n\cdot\overline{AB}$

圆周率：　　　　　　　　$\pi=\dfrac{C}{2r}$

合并上面的 4 个式子：　　$\pi=\dfrac{n\cdot2\cdot r\cdot\sin\dfrac{360°}{2n}}{2\cdot r}$

化简后：得
$$\pi = n \cdot \sin\frac{180°}{n}$$

只要不断增加 n 的值，计算出来的 π 值就越来越精确。

3）步骤

第一步　创建角色和变量如图 5-26 所示。

第二步　自定义积木"割圆术之周长法"，无参数，如图 5-27 所示。

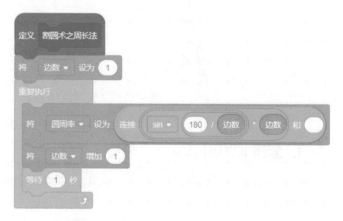

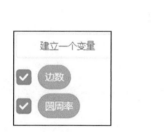

图 5-26　创建角色和变量

图 5-27　自定义积木"割圆术之周长法"

第三步　单击 🚩，运行程序，结果如图 5-28 所示。

当边数越来越多时，π 值就会越来越准确，结果如图 5-29 所示。

图 5-28　"割圆术"程序的结果

图 5-29　边数增多使 π 的值更准确

　思考：n 取多少时，π 的值较为准确。

2. 蒙特卡罗方法

蒙特卡罗方法是一种利用概率的方法求 π，是 20 世纪 40 年代中期随着科学技术的发展和电子计算机的发明，而被提出的以概率统计理论为指导的一种非常重要的数值计算方法。蒙特卡罗方法在金融工程学、宏观经济学、计算物理学（如粒子输运计算、量子热力学计算、空气动力学计算）等领域应用广泛。

1）积木

变量、控制和运算。

2）思路

思考一个半径为 r 的圆，外接一个 $2r \times 2r$ 的正方形，如图 5-30 所示，它的内接圆和正方形的面积之比： $\dfrac{圆的面积}{正方形的面积} = \dfrac{\pi r^2}{(2r)^2} = \dfrac{\pi}{4}$

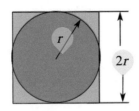

图 5-30 半径为 r 的圆的外接正方形和内接圆

如果判断点落在圆内呢，假设圆心在坐标原点 $(0，0)$，对于一个点 $(x，y)$，它到原点的距离为

$$\sqrt{x^2+y^2}$$

这就用到运算中的平方根。

如果产生的点能均匀分布，那么圆内的点应该占到所有点的 $\dfrac{\pi}{4}$，故把这个值乘以 4，就是 π 的值。

根据以上思路，我们在正方形内产生 10000 个点，让此点在 [-100，100]×[-100，100] 内产生，则圆的半径为 100。

3）步骤

第一步 定义如下的变量，如图 5-31 所示。

第二步 自定义积木"蒙特卡罗法"，如图 5-32 所示。

图 5-31 定义多个变量

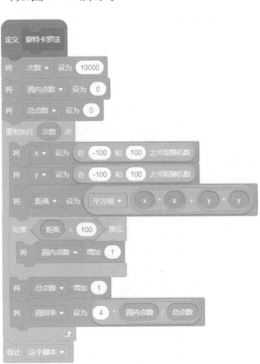

图 5-32 自定义积木"蒙特卡罗法"

第三步　单击 ▶,运行程序,结果为 3.1052。

当点数增加到 10 000 000 时,结果为 3.10843。

看来随着点数的增加,与割圆术求得的 π 值和用这种方法得到的 π 值还是有一定的差距。

可以用其他的方法,如割圆术之面积法,有兴趣的读者可以查阅相关文献并完成程序。

第七节　逻辑推理

逻辑推理是一个智力问题,一般要用到 Scratch 3.0 中的数据类型,即布尔类型,它是关系运算指令和逻辑运算指令的返回值,或者是其他的一些侦测指定的返回值,结果为 true(真)和假(false)。当它参与算术运算时,值为 0 或 1。

在做逻辑推理时要用到的积木一般有以下几种,如图 5-33 所示。

通过解决逻辑推理题,人的逻辑思维能力得到锻炼,对于学好其他学科和处理日常生活问题也有很大的帮助。

用 Scratch 3.0 解决逻辑问题,一般要通过枚举的方法进行,即通过循环结构把各种方案列举出来,再逐一判断根据题目建立的逻辑表达式是否成立,最后找到符合题意的答案。

我们通过几个案例来说明逻辑推理的用法。

图 5-33　逻辑推理用到的积木

1. 我的照片在哪里

数学家斯摩林曾经根据莎士比亚的《威尼斯商人》里的情节,出过一道逻辑推理题,说的是女主角问求婚者:这里有 4 个盒子,一个是金盒子,一个是银盒子,一个是铜盒子,还有一个是铅盒子。自己的肖像就装在其中一个盒子里,谁能猜中,她就嫁给谁。

这 4 个盒子上分别写了以下内容。

金盒子上写着:肖像不在这个盒子里。

银盒子上写着:肖像在铜盒子里。

铜盒子上写着:肖像不在银盒子里。

铅盒子上写着:肖像在此盒子里。

女主角告诉 3 位求婚者,这 4 句话中只有一句是假的。请你为女主角找出其肖像在哪里。

1)积木

变量、控制和运算。

2）思路

我们把盒子用数字表示，1 是金盒，2 是银盒，3 是铜盒，4 是铅盒。把这 4 个条件转为逻辑表达式，如表 5-1 所示。

表 5-1　逻辑表达式

已 知 条 件	逻辑表达式
金盒子上写着：肖像不在这个盒子里	条件 1：盒子 =1，不成立 将 条件1▼ 设为 （盒子 = 1 不成立）
银盒子上写着：肖像在铜盒子里	条件 2：盒子 =3 将 条件2▼ 设为 （盒子 = 3）
铜盒子上写着：肖像不在银盒子里	条件 3：盒子 =2，不成立 将 条件3▼ 设为 （盒子 = 2 不成立）
铅盒子上写着：肖像在此盒子里	条件 4：盒子 =4，不成立 将 条件4▼ 设为 （盒子 = 4）

3）步骤

第一步　先创建变量：盒子、条件 1、条件 2、条件 3 和条件 4，如图 5-34 所示。

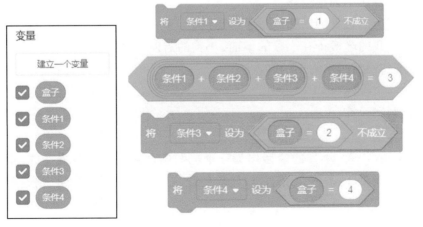

图 5-34　积木和条件

第二步　构造循环结构，依次从 1 ～ 4 列举肖像在 1 ～ 4 这 4 个盒子中的可能，判断如果这 4 个条件有 3 个成立，则可找到问题的答案。

第三步 根据 4 个盒子上的话进行枚举，自定义积木"肖像在哪里"，如图 5-35 所示。

第四步 单击 ▶，运行程序，程序及结果如图 5-36 所示。

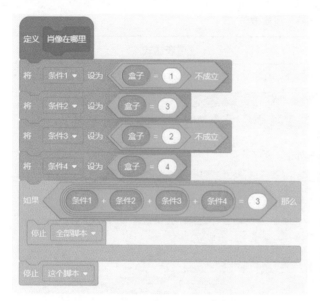

图 5-35 自定义积木"肖像在哪里"　　　图 5-36 程序及运行结果

可以看出，肖像在铜盒中，前三句话是正确的。

2. 动物运动会

一年一度的动物运动会开始了，小狗、小猫、小兔、小猴和小鹿参加了百米赛跑，比赛结束后这些小动物们在一起相互打听成绩。

小猴说："我比小猫跑得快。"

小狗说："小鹿在我的前面冲过了终点线。"

小兔说："我的名次排在小猴的前面，小狗的后面。"

请根据这些谈话排出它们的名次。

1）积木

变量、控制和运算。

2）思路

我们把小狗、小兔、小猴的谈话作为三个已知条件转化成逻辑表达式，把三句话创建 3 个变量，即条件 1、条件 2、条件 3，然后创建这 4 个小动物的变量。根据谈话内容，建立逻辑关系表，如表 5-2 所示。

表 5-2　排名逻辑关系表

已 经 条 件	逻辑表达式
小猴说：我比小猫跑得快	小猴＜小猫
小狗说：小鹿在我的前面冲过了终点线	小狗＜小鹿
小兔说：我的名次排在小猴的前面及小狗的后面	（小兔＞小猴）与（小兔＜小狗）

接下来构造循环结构,依次从 1 ～ 5 列举这些小动物的排名,排名从 1 ～ 5,它们的和为 15。按条件,如果这些条件成立,则可以找到问题的答案。

根据表中的条件,先设定小鹿的排名,再列出条件及逻辑表达式。

3）步骤

第一步　先创建 3 个变量,即条件 1、条件 2、条件 3；再创建这 4 个小动物的变量。如图 5-37 所示。

第二步　根据表 5-2,自定义积木"动物排名",利用循环和判断进行推理,如图 5-38所示。

图 5-37　定义变量

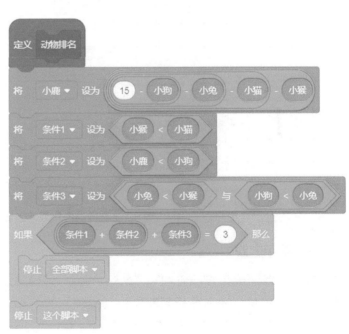

图 5-38　自定义积木"动物排名"

第三步　单击 ▐ ,运行程序,运行结果如图 5-39 所示。

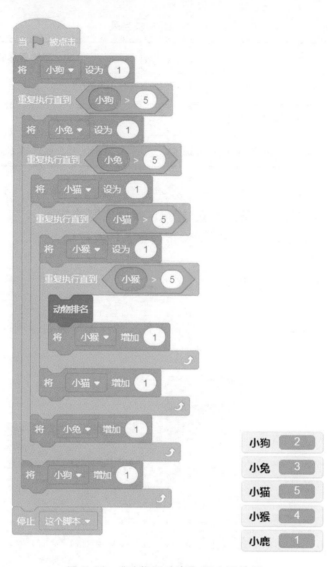

图 5-39 "动物运动会"程序及结果

3. 杀手游戏

杀人游戏又称"警匪游戏"。杀人游戏是一类智力和心力游戏。概括地说,是一个多人参与的较量口才和分析判断能力(推理)的游戏。

假设在某次游戏中有 4 名玩友 A、B、C、D,其中有一名是杀手,需要找出这个杀手。下面是他们的谈话。

A:我不是杀手;

B:是 C;

C:是 D;

D:C 在说胡话。

已知这 4 个人中只有 3 个人说了真话,一个人说了假话。

1）积木

变量、控制和运算。

2）思路

把 A、B、C、D 分别用 1、2、3、4 表示，然后把这 4 个人的谈话写成逻辑关系式，如表 5-3 所示。这 4 个式中只要有 3 个成立，则找到了问题的答案。

表 5-3　杀手游戏逻辑关系

已 经 条 件	逻辑表达式
A：我不是杀手	<杀手 =1> 不成立
B：是 C	<杀手 =3> 成立
C：是 D	<杀手 =4> 成立
D：C 在说胡话	<杀手 =4> 不成立

3）步骤

第一步　先创建杀手和 4 句话的条件，一共有 5 个变量，如图 5-40 所示。

第二步　自定义积木"杀手游戏"，如图 5-41 所示。

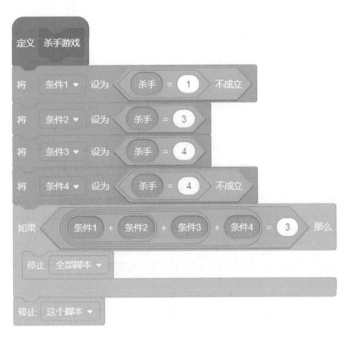

图 5-40　自定义变量　　　　　　　　图 5-41　自定义积木"杀手游戏"

第三步　单击 ▙ ，运行程序，结果如图 5-42 所示。

可以看出，杀手是 C，而 A、B、D 说的是真话。

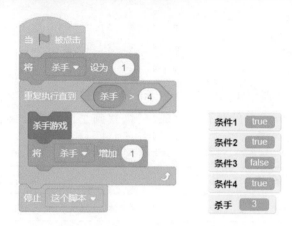

图 5-42 "杀手游戏"程序及运行结果

4. 说谎的不是好孩子

无论是老师还是家长都喜欢不说谎话的孩子。有一天王老师碰到 3 个孩子,他们可能是不说谎话的孩子或者是说谎话的孩子。

于是就有了这三个小朋友如下的对话。

第一个小朋友说:"我们之间有两个是诚实人。"

第二个小朋友说:"不要乱说,我们之间只有一个是诚实的。"

第三个小朋友听到第二个小朋友的话后说:"对,只有一个人是诚实的。"

请根据这些谈话,判断哪个小朋友是诚实的。

1)积木

变量、控制和运算。

2)思路

把三个小朋友分别用 A、B、C 表示,再用 0 表示说谎,用 1 表示诚实。然后根据这三个小朋友的谈话,把谈话内容写成逻辑关系式,如表 5-4 所示。

表 5-4 谁是诚实的孩子的逻辑关系表

已 经 条 件	逻辑表达式
第一个小朋友说:"我们之间有两个是诚实人。"	$<A=1>$ 与 $<A+B+C=2>$ 成立; $<A=0>$ 与 $<A+B+C=2>$ 不成立
第二个小朋友说:"不要乱说,我们之间只有一个是诚实的。"	$<B=1>$ 与 $<A+B+C=1>$ 成立; $<B=0>$ 与 $<A+B+C=1>$ 不成立
第三个小朋友听到第二个小朋友的话后说:"对,只有一个人是诚实的。"	$<C=1>$ 与 $<A+B+C=1>$ 成立; $<C=0>$ 与 $<A+B+C=1>$ 不成立

3)步骤

第一步 新建 8 个变量:对话的条件 1、条件 2,三个小朋友对话的条件 A、条件 B、条件 C,三个小朋友 A、B、C,如图 5-43 所示。

第二步　根据以上条件，自定义积木"诚实的小朋友"，如图 5-44 所示。

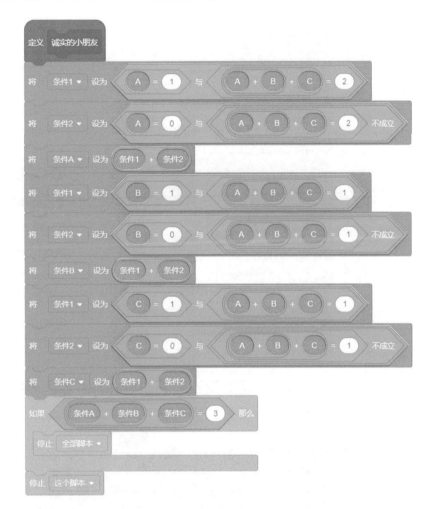

图 5-43　定义 8 个变量　　　　　　　　　　图 5-44　条件

第三步　单击 ▶，运行程序，如图 5-45 所示。得到的结果如图 5-46 所示。
结果表明这三个小朋友都不诚实。

5. 百鸡问题

百鸡问题是一道数学问题，出自中国古代公元五、六世纪的《张丘建算经》，是原书卷下第 38 题，也是全书的最后一题。该问题可形成三元不定方程组，其重要之处在于开创"一问多答"的先例，如图 5-47 所示。

问题描述：有鸡翁一，值钱五；鸡母一，值钱三；鸡雏三，值钱一。凡百钱买鸡百只，问鸡翁、鸡母、鸡雏各几何？

1）积木

变量、控制和运算。

图 5-45　运行程序　　　　图 5-46　程序运行结果

图 5-47　百鸡问题

2）思路

假设鸡翁、鸡母、鸡雏各为 x、y、z 只。

由条件可知：

$$x+y+z=100$$

$$5\times x+3\times y+3\times z=100$$

然后对 x、y、z 分别从 0 ~ 100 进行枚举。

3）步骤

第一步　定义 x、y、z 分别代表鸡翁、鸡母、鸡雏数，定义一个"结果"列表用来保存结果，如图 5-48 所示。

图 5-48　定义变量和列表

第二步　自定义积木"百鸡问题",把 x、y、z 从 $0 \sim 100$ 进行穷举,如图 5-49 所示。

图 5-49　自定义积木"百鸡问题"

第三步　单击 ▶,运行程序,结果如图 5-50 所示。

图 5-50　"百鸡问题"程序的运行结果

结果有 4 组,分别为鸡翁 0、鸡母 25、鸡雏 75;鸡翁 4、鸡母 18、鸡雏 78;鸡翁 12、鸡母 4、鸡雏 84。

6. 猜数字游戏

猜数字是大家喜欢玩的游戏之一,它是由计算机来产生一个数字,让用户来猜,直到猜中才结束。

1) 积木

变量、控制和运算。

2) 思路

用运算的数产生一个随机数,用户输入数字后会有提示,如猜对了还是猜错了,猜大了还是猜小了,然后再给出一共猜了多少次才猜对。

利用条件语句进行判断,并给出相应的提示。

3) 步骤

第一步 建立变量猜数字(用户输入)、次数、自然数(利用随机数产生),并把次数设置为 0,如图 5-51 所示。

第二步 自定义积木"猜数字",如图 5-52 所示。

图 5-51 定义变量

图 5-52 自定义积木"猜数字"

第三步　隐藏变量后,单击 🏁,运行程序,如图 5-53 所示。

图 5-53　"猜数字游戏"程序及运行结果

提示：请想一想,如何用最快的方法把数字猜出来。

7. 趣算

在做四则运算过程中,可以发现一个有趣的事,具体如下：

输入 8 →除以 5 后再加 1 →答案是 2.6；

输入 2.6 →除以 5 后再加 1 →答案是 1.52；

输入 1.52 →除以 5 后再加 1 →答案是 1.304。

按照这样的规律,你能发现什么情况？ 如果输入不同的数,情况又会怎样呢？

1）积木

变量、控制和运算。

2）思路

按上面给定例子的规律,输入数,再除以 5,然后加 1 进行运算。

3）步骤

第一步　定义一个变量,输入数和列表"结果",如图 5-54 所示。

图 5-54　变量和列表

第二步　自定义积木"趣算",循环 100 次,如图 5-55 所示。

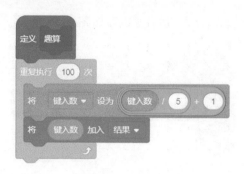

图 5-55　自定义积木"趣算"

第三步　输入数 8,单击 ⚑ 运行程序,运行结果如图 5-56 所示。

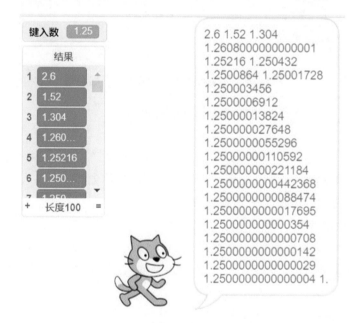

图 5-56　"趣算"程序的运行结果

最后发现结果为 1.25。

提示:读者可以尝试输入不同的数,看看结果会如何。

第六章 趣味算法

📝 **知识导读：**

算法是解决问题的一个依据，好的算法对问题的解决有促进作用。本章为读者呈现一些算法。

学习目标：

- 了解算法的作用。
- 掌握几种算法。
- 学会利用算法解决一些数学问题。

能力目标：

熟练掌握一些基本的算法，如排序算法、穷举和递归，以便开拓数学思维。

算法是计算或解决问题的步骤，它是快速解决问题的基础。

例如，求 1+2+⋯+100 的和，学过编程的人马上会想到用循环的形式进行，循环 100 次得到的和为 5050。而用等差数列求和公式求解也可以得到正确答案，即（1+100）×100÷2=5050，此时只需要一次加法、一次乘法和一次除法，计算速度很快。还有在第五章中的猜数字，当猜到一个数提示大时，可以取上一个数与这个数的平均值作为下一个要猜的数；如果提示所猜的数小时，可以求 100 与这个数的平均数作为猜的数，这样就能快速猜到计算机所给的数。

从以上两个例子可以看出，在解决问题时，算法设计得好坏对问题的解决有很大的影响。

本章我们学习一些算法。

第一节 排 序

排序就是按一定的次序把数据排列起来，其目的是将一组"无序"的记录序列调整为"有序"的记录序列。排序的方法比较多，其中有选择排序和冒泡排序。

1. 选择排序

选择排序是一种简单、直观的排序算法。它的排序原理是：第一次从待排序的数据元素中选出最小（或最大）的一个元素，存放在序列的起始位置，然后再从剩余的未排序元素中寻找到最小（大）元素，放到已排序的序列末尾。以此类推，直到全部待排序的数据元素的个数为零。

比如：从小到大对 6、1、7、8、9、3、5、4、2 进行排序的步骤如下。

第一步　将 6 与后面的数进行比较，找到最小的数是 1，将 6 与 1 交换位置，如图 6-1 所示。

6	1	7	8	9	3	5	4	2
1	6	7	8	9	3	5	4	2

图 6-1　第 1 次排序

第二步　将 6 与后面的数进行比较，发现最小的数是 2，将 6 与 2 交换位置，如图 6-2 所示。

1	6	7	8	9	3	5	4	2
1	2	7	8	9	3	5	4	6

图 6-2　第 2 次排序

第三步　将 7 与后面的数进行比较，发现最小的数是 3，将 7 与 3 交换位置，如图 6-3 所示。

1	2	7	8	9	3	5	4	6
1	2	3	8	9	7	5	4	6

图 6-3　第 3 次排序

第四步　将 8 与后面的数进行比较，发现最小的数是 4，将 8 与 4 交换位置，如图 6-4 所示。

1	2	3	8	9	7	5	4	6
1	2	3	4	9	7	5	8	6

图 6-4　第 4 次排序

第五步　将 9 与后面的数进行比较，发现最小的数是 5，将 9 与 5 交换位置，如图 6-5 所示。

1	2	3	4	9	7	5	8	6
1	2	3	4	5	7	9	4	6

图 6-5　第 5 次排序

第六步　将 7 与后面的数进行比较,发现最小的数是 6,将 7 与 6 交换位置,如图 6-6 所示。

1	2	3	4	5	7	9	8	6
1	3	3	4	5	6	9	8	7

图 6-6　第 6 次排序

第七步　将 9 与后面的数进行比较,发现最小的数是 7,将 9 与 7 交换位置,如图 6-7 所示。

1	3	3	4	5	6	9	8	7
1	3	3	4	5	6	7	8	9

图 6-7　第 7 次排序

第八步　将 8 与后面的数进行比较,发现最小的数还是 8,结束比较,如图 6-8 所示。

1	3	3	4	5	6	7	8	9
1	3	3	4	5	6	7	8	9

图 6-8　结束排序

这就是选择排序的过程。

1)积木

变量、控制和自定义。

2)思路

首先定义一个列表,这个列表输入需要排列的数,排好序后将结果显示出来。

3)步骤

第一步　定义变量和列表,下标 1 和下标 2 分别表示数在列表中的位置,如图 6-9 所示。

第二步　自定义积木"选择排序",如图 6-10 所示。

第三步　输入数据,如图 6-11 所示。

第四步　单击 ▶,运行程序。对输入的数据进行排序,如图 6-12 所示。

图 6-9　定义变量和列表

105

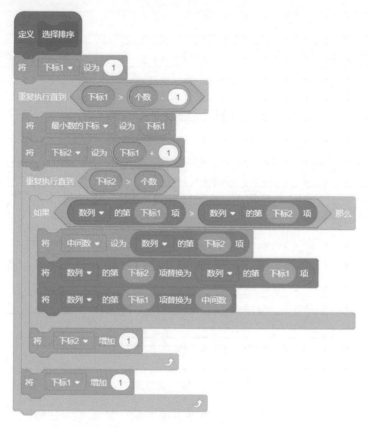

图 6-10　自定义积木"选择排序"

图 6-11　输入数据

提示：可以尝试用导入数据的方式进行（需要对主程序做必要的修改）。

方法如下。

（1）在计算机上新建一个文本文件，命名后保存。

（2）在文本文件中输入数据，如图 6-13 所示。

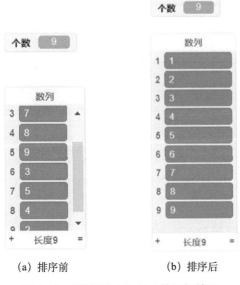

（a）排序前　　　　（b）排序后

图 6-12　"选择排序"程序的运行结果

图 6-13　输入数据

（3）导入数据，如图 6-14 所示。

单击 ▶，运行程序，即得到最终结果。

图 6-14　导入数据

2. 冒泡排序

这种排序就是重复从数列右边开始比较相邻两个数字的大小，再根据结果交换两个数字的位置。这个过程如同冒泡泡一样，慢慢从右向左"浮"到序列的顶端，所以这种方法称为"冒泡排序"。

107

比如,从小到大对 6、1、7、8、9、3、5、4、2 进行排序,步骤如下。

第一步　将 6 与 1 进行比较,然后将 6 和 1 交换位置;将 6 与 7 再进行比较,位置不变;将 7 与 8 进行比较,再将 8 和 9 进行比较都是位置不变;将 9 与 3 比较,交换位置。其他以此类推,如图 6-15 所示。

提示:当两个数字比较后没有改变顺序时,将不在图中插入新行。

6	1	7	8	9	3	5	4	2
1	6	7	8	9	3	5	4	2
1	6	7	8	3	9	5	4	2
1	6	7	8	3	5	9	4	2
1	6	7	8	3	5	4	9	2
1	6	7	8	3	5	4	2	9

图 6-15　第 1 轮比较

第二步　将 1 与 6 进行比较,位置不变。其他数字比较方法与第一步操作一样,直到 8 排到 9 前面,如图 6-16 所示。

1	6	7	8	3	5	4	2	9
1	6	7	3	8	5	4	2	9
1	6	7	3	5	8	4	2	9
1	6	7	3	5	4	8	2	9
1	6	7	3	5	4	2	8	9

图 6-16　第 2 轮比较

第三步　数字的比较方法与第一步操作一样,直到 7 排到 8 前面,如图 6-17 所示。

1	6	7	3	5	4	2	8	9
1	6	3	7	5	4	2	8	9
1	6	3	5	7	4	2	8	9
1	6	3	5	4	7	2	8	9
1	6	3	5	4	2	7	8	9

图 6-17　第 3 轮比较

第四步　数字的比较方法与第一步操作一样,直到 6 排到 7 前面,如图 6-18 所示。

1	6	3	5	4	2	7	8	9
1	3	6	5	4	2	7	8	9
1	3	5	6	4	2	7	8	9
1	3	5	4	6	2	7	8	9
1	3	5	4	2	6	7	8	9

图 6-18　第 4 轮比较

第五步　数字的比较方法与第一步操作一样，直到 5 排到 6 前面，如图 6-19 所示。

1	3	5	4	2	6	7	8	9
1	3	4	5	2	6	7	8	9
1	3	4	2	5	6	7	8	9

图 6-19　第 5 轮比较

第六步　数字的比较方法与第一步操作一样，直到 4 排到 5 前面，如图 6-20 所示。

1	3	4	2	5	6	7	8	9
1	3	2	4	5	6	7	8	9

图 6-20　第 6 轮比较

第七步　数字的比较方法与第一步操作一样，直到 3 排到 4 前面，如图 6-21 所示。

1	3	2	4	5	6	7	8	9
1	2	3	4	5	6	7	8	9

图 6-21　第 7 轮比较

经过以上步骤的操作，数字已经按由小到大的顺序排列。

这就是选择排序的过程。

1）积木

变量、控制和自定义。

2）思路

首先定义 4 个变量：个数、下标 1、下标 2 和中间数，中间数是用来交接数据的。然后再定义一个列表"数列"，这个列表用于输入需要排列的数，排好序后将结果显示出来。

3）步骤

第一步　定义 4 个变量和一个列表，如图 6-22 所示。

图 6-22　定义变量和列表

第二步　自定义积木"冒泡排序",如图 6-23 所示。

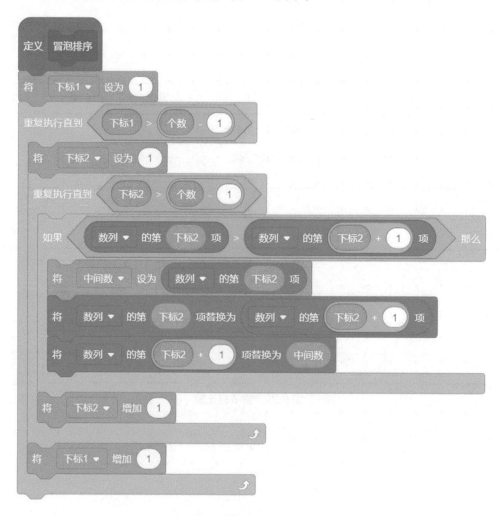

图 6-23　自定义积木"冒泡排序"

第三步　输入数据,并设置程序,如图 6-24 所示。单击 ▶,运行程序,如图 6-25 所示。

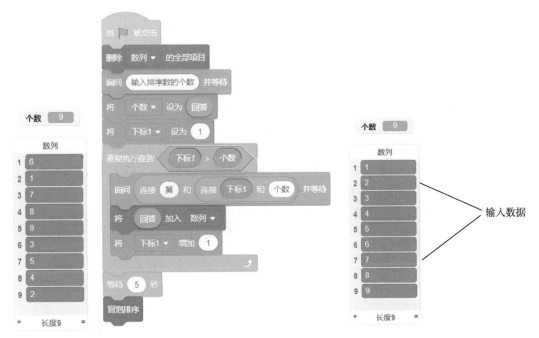

图 6-24　输入数据并设置程序　　　　图 6-25　"冒泡排序"程序的运行结果

提示：可以用导入数据的方式实现冒泡排序。只要修改一下主程序即可，如图 6-26 所示。

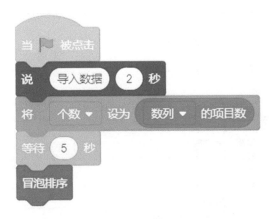

图 6-26　改进后的"冒泡排序"程序

第二节　穷　举

穷举算法是最简单的一种算法，也称为暴力算法，其依赖于计算机的强大计算能力来穷尽每一种可能的情况，从而达到求解的目的。穷举算法效率不高，但适用于一些没有明显规律可循的场合。

穷举算法的基本思想就是从所有可能的情况中搜索正确的答案,其执行步骤如下。

(1) 对于一种可能的情况,计算其结果。

(2) 判断结果是否满足要求,如果不满足,则进行执行第 1 步来搜索下一个可能的情况;如果满足要求,则表示寻找到一个正确的答案。

它在求解不确定问题中的作用比较大。

1. 不定方程问题

不定方程指的是未知数多于方程数的一类方程问题,如 $2 \times x + 3 \times y = 21$,它有两个未知数。对这一类问题,一般通过计算机进行暴力搜索求解。

1)积木

变量、控制和自定义。

2)思路

定义两个变量 x、y,对 x、y 分别从 1 ~ 21 进行搜索,直到满足 $2 \times x + 3 \times y = 21$ 时停止。对每个 x、y 都要从 0 开始搜索。

3)步骤

第一步 先定义 2 个变量 x、y,然后再定义一个列表来记录结果,如图 6-27 所示。

第二步 自定义积木"不定方程",如图 6-28 所示。x、y 分别从 1 ~ 21 进行搜索,直到满足 $2 \times x + 3 \times y = 21$ 时停止。对每个 x、y 的值从 0 开始搜索,直到 y=21。

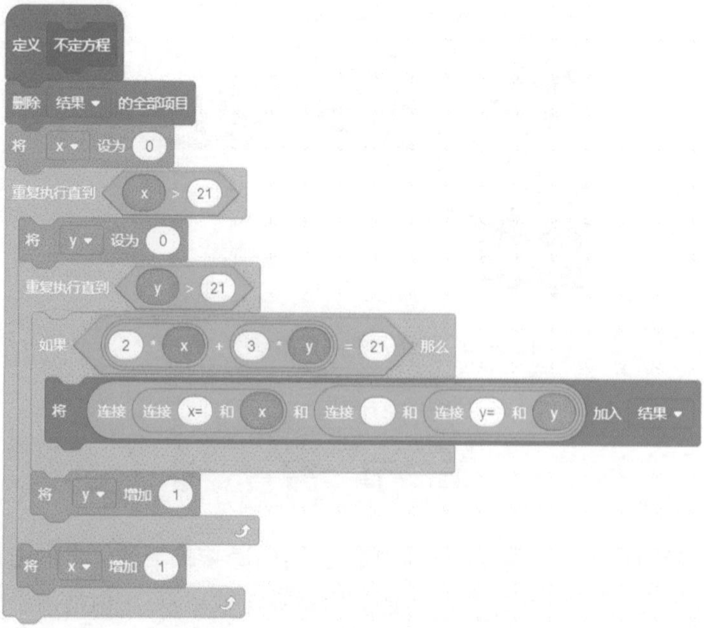

图 6-27 定义变量和列表

图 6-28 自定义积木"不定方程"

2. 查找车牌

一辆卡车违反交通规则,撞人逃逸。现场三人目击整个事件,但都没能记住车号,只记下车号的一些特征。甲说:"牌照的前两位数字是相同的。"乙说:"牌照的后两位数字是相同的。"丙是位数学家,他说:"四位的车号刚好是一个整数的平方。"根据以上线索,编程并输出车号。

1) 积木

变量、控制和自定义。

2) 思路

用两重循环构造一个前两位数相同、后两位数相同的整数：$1000 \times x + 100 \times x + 10 \times y + y$（其中, $x = 1 \sim 9$, $y = 0 \sim 9$）。

对于一个 4 位数,它如果是某个数的平方,则这个两位数一定在 31 ~ 99 中,我们用穷举法判断这个 4 位数是不是某 2 位数的平方,如果是,则输出车牌。

3) 步骤

第一步　定义 3 个变量 x、y、z,分别表示车牌的前两个数,后两个数,以及两位数。再定义一个列表"结果",用来记录车牌。如图 6-31 所示。

第二步　自定义积木"寻找车牌",如图 6-32 所示。

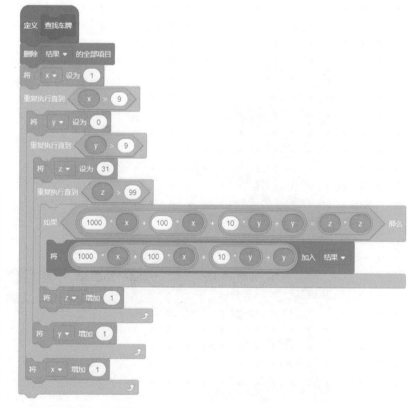

图 6-31　定义变量和列表　　　　图 6-32　自定义积木"寻找车牌"

第三步　单击 🏁,运行程序,结果如图 6-33 所示。

图 6-33　"查找车牌"程序的运行结果

可以看出,满足条件的解只有一个,车牌为 7744。

3. 因数的应用

有一个五位数 2□6□9,它的千位和个位看不清楚了。小明知道这个数既是 2 的倍数,又是 3 的倍数,还是 5 的倍数。你能替小明算出来吗?

1) 积木

变量、控制和自定义。

2) 思路

我们把千位数用变量 a 表示,个位数用 b 表示,那么这个数可以写成:

$$c=2\times10000+1000\times a+6\times100+9\times10+b=20690+1000\times a+b$$

因为 2、3、5 是 c 的因数,所以 c 分别与 2、3、5 相除,余数为 0。

3) 步骤

第一步　定义三个变量 a、b、c,分别表示千位、个数和这个数。然后创建列表来存结果,如图 6-34 所示。

图 6-34　定义变量和列表

第二步　把 2□6□9 赋值给 c。

第三步　判断 c 是不是 2、3、5 的倍数。

第四步　如果条件成立，把 a、b 写到列表"结果"中。

最后总的程序如图 6-35 所示。

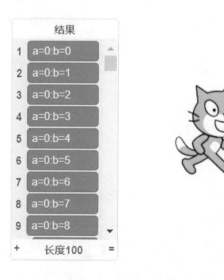

当 ▶ 被点击

删除 结果 ▼ 的全部项目

将 a ▼ 设为 0

将 c ▼ 设为 20690 + a * 1000 + b

重复执行 10 次
　将 b ▼ 设为 0
　重复执行 10 次
　　如果 c 除以 5 的余数 = 0 与 c 除以 3 的余数 = 0 与 c 除以 2 的余数 = 0 那么
　　　说 连接 连接 连接 a= 和 a 和 连接 ○ 和 连接 b= 和 b 2 秒
　　　将 连接 连接 连接 a= 和 a 和 连接 ○ 和 连接 b= 和 b 加入 结果 ▼
　　将 b ▼ 增加 1
　将 a ▼ 增加 1

图 6-35　总程序

第五步　单击 ▶，运行程序，结果如图 6-36 所示。一共有 100 个解。

	结果
1	a=0:b=0
2	a=0:b=1
3	a=0:b=2
4	a=0:b=3
5	a=0:b=4
6	a=0:b=5
7	a=0:b=6
8	a=0:b=7
9	a=0:b=8
+	长度100　　=

图 6-36　本程序的运行结果

第三节　递　归

递归,就是在运行的过程中调用自己,也就是自定义积木调用自己。构成递归需具备的条件:一个是子问题必须与原始问题为同样的事,且更为简单;二是不能无限制地调用本身,必须有一个初始值。

1. 斐波纳契数列

斐波纳契数列,又称黄金分割数列,指的是这样一个数列:1、1、2、3、5、8、13、21……

斐波纳契数列当时是为了描述如下情况的兔子生长数目:

第一个月初有一对刚诞生的兔子;

第二个月之后（第三个月初）它们可以生育;

每月每对可生育的兔子会诞生下一对新兔子且兔子永不死去。

请问经过 n 个月后可以生成多少只兔子?

1）积木

自定义、变量、控制和运算。

2）思路

我们记 $f(n)$ 为第 n 个月生成的兔子数,通过上面的数列可以发现有以下规则:

$$f(n) = \begin{cases} 1 & (n=1 \text{ 或 } n=2) \\ f(n-1)+f(n-2) & (n>2) \end{cases}$$

在上式中,求 $f(n)$ 时就得求 $f(n-1)$ 和 $f(n-2)$,递归的初始值 $n=1$ 时,$f(1)=1$；当 $n=2$ 时,$f(2)=1$。

3）步骤

第一步　定义变量"月"和"数目",前者来用给出"月"生成的兔子,数目是用来记录某个月的兔子数,然后用递归公式进行计算,如图 6-37 所示。

第二步　自定义积木"斐波纳契数列",如图 6-38 所示。

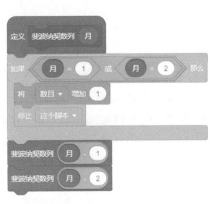

图 6-37　定义变量　　　　　　图 6-38　自定义积木"斐波纳契数列"

第三步 单击 ，运行程序，输入"月"为 6，结果就计算出来了，如图 6-39 所示。

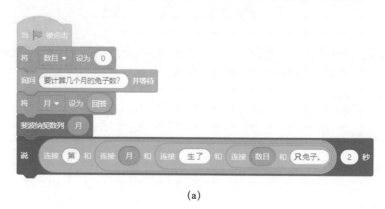

(a)

(b)　　　　　　　　　　　　　　　　　　(c)

图 6-39　程序及其运行结果

2. 递归求和

这里我们用递归做一个求 1+2+3+4+…+99+100 的和。

1）积木

自定义、变量、控制和运算。

2）思路

我们用 $f(n)$ 表示 $1 \sim n$ 的和，构造递归公式：

$$f(n) = \begin{cases} 1 & (n=1) \\ f(n-1)+n & (n>1) \end{cases}$$

3）步骤

第一步 定义一个变量"和"，如图 6-40 所示。

第二步 自定义积木"求和"，起始数设为 1，如图 6-41 所示。

第三步 单击 ，运行程序，结果如图 6-42 所示。求出的和为 5050。

思考：

（1）如果求任意两个数之和，那么需要怎么修改程序。（参考答案如图 6-43 所示）。

图 6-41　自定义"求和"

图 6-40　定义一个变量

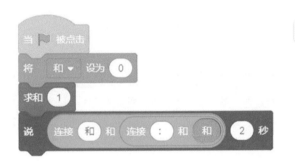

图 6-42　"求和"程序及运行结果

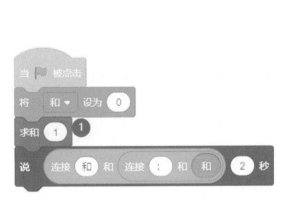

图 6-43　参考答案

（2）在程序中我们只需要把①处修改为开始的数，②处修改为结束的数。如计算5+6+…+230，则程序如图6-44所示，计算结果如图6-45所示。

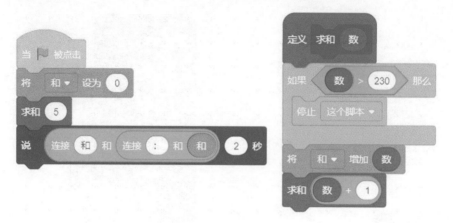

图 6-44　修改过的程序

图 6-45　程序运行结果

附录　考试中的编程问题

1. 2020 年全国二卷高考文科数学卷的第七题

执行程序流程图（附图 1），若输入的 $k=0$，$a=0$，则输出的 k 为（　　）。（答案：B）

A. 2　　　　B. 3　　　　C. 4　　　　D. 5

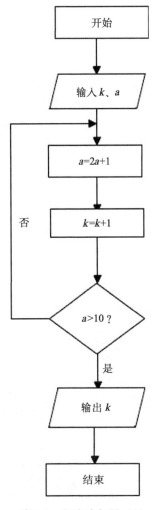

附图 1　程序流程图（1）

分析：从程序框图可知，该程序的功能是利用循环结构计算并输出 k 的值。我们来模拟程序的运行过程，如附表 1 所示。

附表 1　模拟进程

循环次数	a	k	$a>10$?
1	$a=2\times0+1=1$	$k=0+1=1$	否,循环
2	$a=2\times1+1=3$	$k=1+1=2$	否,循环
3	$a=2\times3+1=7$	$k=2+1=3$	否,循环
4	$a=2\times7+1=15$	$k=3+1=4$	是,退出循环,k 值就是 4

主要程序如下。

第一步　定义变量 a 和 k,并令其初值分别为 0,如附图 2 所示。

第二步　按流程图编写主要程序,如附图 3 所示。

附图 2　变量定义并设初值

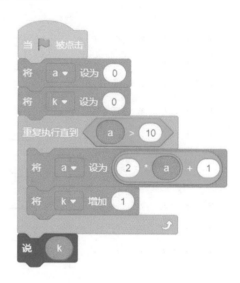

附图 3　主要程序

第三步　单击 ▶,运行结果如附图 4 所示。

附图 4　程序运行结果

122

2. 2019年全国1卷的第9题

求 $\dfrac{1}{2+\dfrac{1}{2+\dfrac{1}{2}}}$ 的程序流程图,如附图5所示,则图中空白框中应填入（　　）。（答案：A）

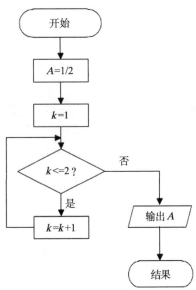

附图5　程序流程图（2）

A. $A=\dfrac{1}{2+A}$ 　　　B. $A=2+\dfrac{1}{A}$ 　　　C. $A=\dfrac{1}{1+2A}$ 　　　D. $A=1+\dfrac{1}{2A}$

分析：根据框图可知,A 开始的值为 $\dfrac{1}{2}$。要构造 $\dfrac{1}{2+\dfrac{1}{2}}$,就需要在第一次循环中做通式

为 $\dfrac{1}{2+A}$。通过计算可知题的答案为 $\dfrac{5}{12}$=0.416667,故选答案A。

主要程序如下:

第一步　分别针对选项A、B、C、D自定义积木。新建变量如附图6所示。

附图6　新建变量

其中,A 是自定义的变量（参数）;k 是迭代次数;s 是全局变量,用来表示结果和迭代过程。

第二步 设置不同答案对应的程序,如附图 7 ~ 附图 10 所示。

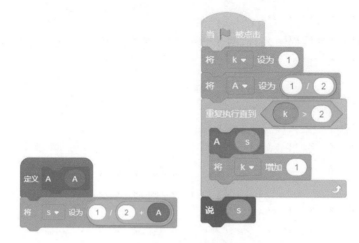

附图 7 答案 A 和对应的程序

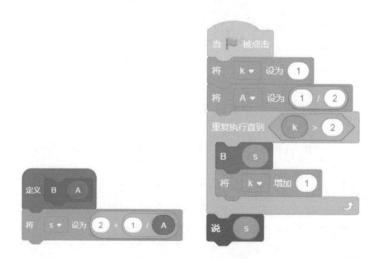

附图 8 答案 B 和对应的程序

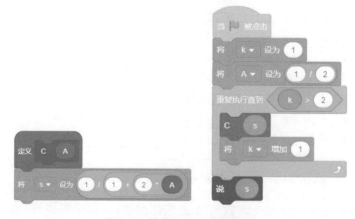

附图 9 答案 C 和对应的程序

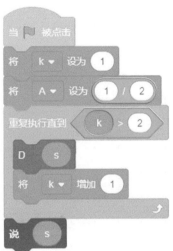

附图 10　答案 D 和对应的程序

第三步　分别运行以上程序,得到的计算结果分别如附图 11～附图 14 所示。由此可知答案 A 正确。

附图 11　答案 A 对应的结果　　　　　　　　　　附图 12　答案 B 对应的结果

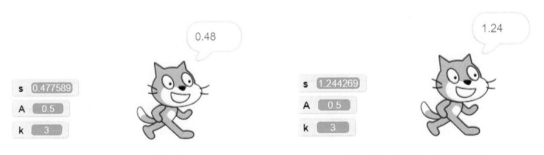

附图 13　答案 C 对应的结果　　　　　　　　　　附图 14　答案 D 对应的结果

3. 2019 年普通高等学校招生全国统一考试数学（理）（北京卷）第 2 题

执行如图所示的程序流程图（附图 15）,输出的 s 值为（　　）。（答案：B）

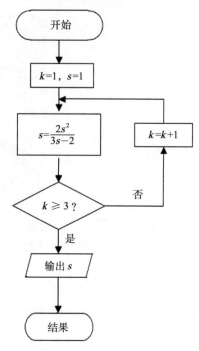

附图 15　程序流程图（3）

A．1　　　　　B．2　　　　　C．3　　　　　D．4

分析：把 $s=1$ 代入表达式 $s=\dfrac{2s^2}{3s-2}$ 中，过程如附表 2 所示。

附表 2　运算过程

序号	s	k	是否 $k \geqslant 3$
1	$s=1$	$k=1$	否，循环
2	$s=\dfrac{2 \times 1^2}{3 \times 1-2}=2$	$k=1+1=2$	否，循环
3	$s=\dfrac{2 \times 2^2}{3 \times 2-2}=2$	$k=2+1=3$	是，退出循环，$s=2$

主要程序如下：

第一步　创建变量 s、k，如附图 16 所示。

变量

建立一个变量

☑　k

☑　s

附图 16　创建一个变量

第二步 按要求进行编程,如附图 17 所示。

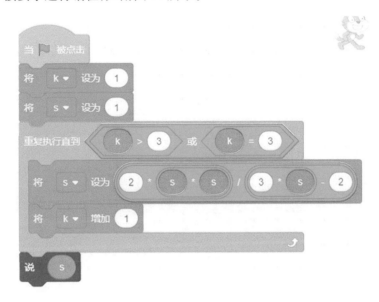

附图 17 编写程序

第三步 单击 🏳 运行程序,结果如附图 18 所示。

附图 18 程序运行结果

4. 2019 年全国Ⅲ卷文科数学高考第 9 题

执行下边的程序框图（附图 19),如果输入 ε 为 0.01,则输出 s 的值等于（ ）。
(答案：C)

A. $2-\dfrac{1}{2^4}$ B. $2-\dfrac{1}{2^5}$ C. $2-\dfrac{1}{2^6}$ D. $2-\dfrac{1}{2^7}$

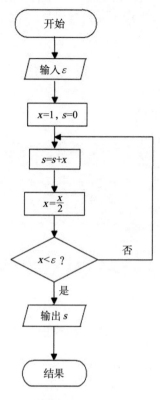

附图 19　流程图

分析：由附图 19 可知，每次求 $\dfrac{x}{2}$，$\dfrac{x}{2^2}$，…的和，直到 $x < \varepsilon$ 停止。答案 A 的数值为 1.937，答案 B 的数值为 1.96875，答案 C 的数值为 1.984375，答案 D 的数值为 1.9921875。

主要程序如下。

第一步　创建变量 s、x 和 error。

第二步　根据要求进行编程，如附图 20 所示。

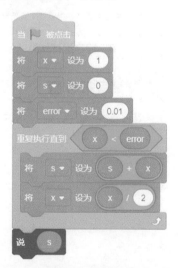

附图 20　编写程序

第三步 单击 🚩 运行程序,结果如附图 21 所示。

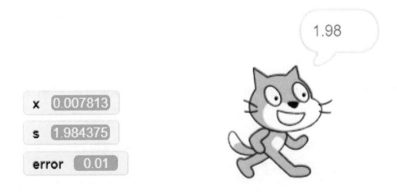

附图 21 程序运行结果

参 考 文 献

[1] https://www.scratch-cn.cn/.

[2] 谢声涛 . "编"玩边学：Scratch 趣味编程进阶——妙趣横生的数学和算法 [M]. 北京：清华大学出版社，2018.

[3] 快学习教育 . Scratch 3.0 少儿编程与算法一本通 [M]. 北京：机械工业出版社，2020.

[4] https://gitee.com/kidcode/scratch_block.